·全球水安全研究译丛·

Water Security
The Water-Food-Energy-Climate Nexus

水安全

水—食物—能源—气候的关系

世界经济论坛水资源倡议组织／主编

曹慧群　罗平安／译

长江出版社

图书在版编目（CIP）数据

水安全：水—食物—能源—气候的关系/世界经济论坛
水资源倡议组织主编；曹慧群，罗平安译．
—武汉：长江出版社，2017.10
ISBN 978-7-5492-5143-8

Ⅰ.①水… Ⅱ.①世… ②曹… ③罗… Ⅲ.①水资源管理—
安全管理—研究 Ⅳ.①TV213.4

中国版本图书馆CIP数据核字（2017）第253150号

湖北省版权局著作权合同登记号：图字17-2018-128

Translation from English language edition：

Water Security- The Water-Food-Energy-Climate Nexus

by The World Economic Forum Water Initiative

Copyright ⓒ 2011 World Economic Forum Published by arrangement with Island Press through Bardon-Chinese Media Agency

水安全：水—食物—能源—气候的关系

责任编辑：贾茜
装帧设计：刘斯佳
出版发行：长江出版社
地　　址：武汉市解放大道1863号　　　　　　　　　　邮　　编：430010
网　　址：http://www.cjpress.com.cn
电　　话：（027）82926557（总编室）
　　　　　　（027）82926806（市场营销部）
经　　销：各地新华书店
印　　刷：武汉市首壹印务有限公司
规　　格：787mm×1092mm　　　1/16　　　12.75印张　　　260千字
版　　次：2017年10月第1版　　　　　　　　2018年10月第1次印刷
ISBN 978-7-5492-5143-8
定　　价：42.00元

译丛序言

水安全是指一个国家或地区可以保质保量、及时持续、稳定可靠、经济合理地获取所需的水资源、水资源性产品及维护良好生态环境的状态或能力。水安全是水资源、水环境、水生态、水工程和供水安全五个方面的综合效应。

在全球气候变化的背景下，水安全问题已成为当今世界的主要问题之一。国际社会持续对水资源及高耗水产品的分配等问题展开研究和讨论，以免因水战争、水恐怖主义及其他诸如此类的问题而威胁到世界稳定。

据联合国统计，全球有43个国家的近7亿人口经常面临"用水压力"和水资源短缺，约1/6的人无清洁饮用水，1/3的人生活用水困难，全球缺水地区每年有超过2000万的人口被迫远离家园。在不久的将来，水资源可能会成为国家生死存亡的战略资源，因争夺水资源爆发战争和冲突的可能性不断增大。

中国水资源总量2.8万亿 m^3，居世界第6位，但人均水资源占有量只有2300m^3左右，约为世界人均水量的1/4，在世界排名100位以外，被联合国列为13个贫水国家之一；多年来，中国水资源品质不断下降，水环境持续恶化，大范围地表水、地下水被污染，直接影响了饮用水源水质；洪灾水患问题和工程性缺水仍然存在；人类活动影响自然水系的完整性和连通性、水库遭受过度养殖、河湖生态需水严重不足；涉水事件、水事纠纷增多；这些水安全问题严重威胁了人民的生命健康，也影响区域稳定。

党和政府高度重视水安全问题。2014年4月，习近平总书记发表了关于保障水安全的重要讲话，讲话站在党和国家事业发展全局的战略高度，深刻分析了当前我国水安全新老问题交织的严峻形势，系统阐释了保障国家水安全的总体要求，明确提出了新时期治水思路，为我国强化水治理、保障水安全指明了方向。

他山之石，可以攻玉。欧美发达国家在水安全管理、保障饮用水安全上积累了丰富的经验,对突发性饮用水污染事件有相对成熟的应对机制,值得我国借鉴与学习。为学习和推广全球在水安全方面的研究成果和先进理念, 长江水利委员会长江科学院与长江出版社组织翻译编辑出版《全球水安全研究译丛》,本套丛书选取全球关于水安全研究的最前沿学术著作和国际学术组织研究成果汇编等翻译而成,共 10 册,分别为:①水与人类的未来:重新审视水安全;②水安全:水—食物—能源—气候的关系;③与水共生:动态世界中的水质目标;④变化世界中的水资源;⑤水资源:共享共责;⑥工程师、规划者与管理者饮用水安全读本;⑦全球地下水概况;⑧环境流:新千年拯救河流的新手段;⑨植物修复:水生植物在环境净化中的作用;⑩气候变化对淡水生态系统的影响。丛书力求从多角度解析目前存在的水安全问题以及解决之道,从而为推动我国水安全的研究提供有益借鉴。

本套丛书的译者主要为相关专业领域的研究人员,分别来自长江科学院流域水环境研究所、长江科学院生态修复技术中心、长江科学院土工研究所、长江勘测规划设计研究院以及深圳市环境科学研究院国家环境保护饮用水水源地管理技术重点实验室。

本套丛书入选了"十三五"国家重点出版物出版规划,丛书的出版得到了湖北省学术著作出版专项资金资助,在此特致谢忱。

该套丛书可供水利、环境等行业管理部门、研究单位、设计单位以及高等院校参考。

由于时间仓促,译者水平有限,文中谬误之处在所难免,敬请读者不吝指正。

《全球水安全研究译丛》编委会

2017 年 10 月 22 日

译者序

　　目前，全球社会经济发展、人口增长和气候变化已经对水资源安全产生了深刻影响。水资源对食物安全与能源安全保障至关重要，水资源与食物、能源、气候之间的关系成为当今世界关注的热点。本书主要以世界经济论坛水资源相关的报告为基础，收集了政府官员、宗教人士、非政府组织领导人、学者、商业人士、企业家、金融专家、新闻记者、贸易专家等多人的观点，通过案例分析，系统阐述了水安全与食物安全、能源、贸易、国家安全、城市发展、人类健康、商业战略、金融市场、以及气候变化之间密切而又复杂的关系，预测分析了 2030 年可能出现的情形，并探讨了可行的解决方案。本书由世界经济论坛水资源倡议组出版，旨在促进企业间合作计划的实施。在 James G. Workman 协助下，世界经济论坛环境倡议组的高级总监兼负责人 Dominic Waughray，负责本书的编写、整理及编辑。参与合作的企业伙伴由世界经济论坛筛选，主要为积极参与论坛工作的企业会员。各企业通过相互合作，为行业内及跨行业的关键问题，提供战略决策，同时为其参与全球范围企业行动提供机会。本书论述内容涵盖了气候变化、水利、政治、经济等领域，书中观点主要来自：Robert Greenhill（世界经济论坛执行董事兼首席商务官）、Sarita Nayyar（世界经济论坛高级总监）、Arjun Thapan（世界经济论坛全球水安全议程理事会主席、亚洲开发银行东南亚部马尼拉总干事）、Margaret Catley-Carlson（世界经济论坛全球水安全议程理事会副主席、联合国秘书长的水顾问委员会成员）、Patricia Wouters（联合国教科文组织水利法规中心主任、苏格兰 Dundee 大学政策和科学研究院博士）、Upmanu Lall（美国 Columbia 大学地球与环境工程系教授）、Franklin Fisher（美国 Massachusetts 学院名誉教授）、Muhtar Kent（Coca-Cola 公司董事会主席兼首席执行官）、Indra Nooyi（PepsiCo 公司董事长兼首席执行官）、Peter Brabeck-Letmathe（Nestlé 公司董事会主席和世界经济论坛的基金会董事会成员）、Andrew Liveris（Dow 化学公司总裁、首席执行官和董事会主席）。

　　本书作者 Dominic Waughray，现任世界经济论坛环境倡议组高级总监。1992 年获 Cambridge 大学地理学学士学位,1994 年获 London 大学环境与自然资源经济学硕士学位。2006 年为世界经济论坛环境倡议组主任,致力于解决全球环境和资源安全问题。同时,兼任英国皇家国际事务研究所副研究员、Stanford 大学伍兹环境研究所访问学者、中国环境与发展国际合作委员会特别顾问(2017—2021 年)、Eco Forum 企业顾问委员会成员等。

本书共分 12 章,主要内容如下:引言部分通过对未来的预测,利用事实和数据,综合分析了水与食物、能源和气候之间的关系;第 1 章从罗马俱乐部《增长的极限》着手,预测了人类对农产品的需求,阐明了为保障粮食安全所需要的土地和水资源,并提出了应对农业用水挑战的举措;第 2 章针对石油、煤、天然气、水电、生物燃料等多种能源,分析了从原料到终端交付整个过程的用水需求,预测了未来人类的能源需求,并引用他人的观点探讨了当前水和能源的关系;第 3 章从"虚拟水"的概念出发,分析了多种农产品生产过程中消耗的水量,基于全球贸易背景,阐述了通过贸易解决粮食安全问题的可能性;第 4 章基于淡水资源对国家发展的影响,探索了与跨界河流相关的地缘政治发展趋势,分析了巴基斯坦的成功案例,从水资源角度提出了保障国家安全的措施;第 5 章深入分析了城市化发展历程,并对未来的城市化进行了预测,从干旱和洪灾、供水和废水管理等角度,阐述了城市水资源安全保障的相关问题;第 6 章从人类的基本用水需求出发,预测了人类未来的用水需求,并基于当前人类水资源短缺危机现状,探究了水与人、健康、生活之间的关系;第 7 章研究了水资源和商业战略的关系,分析了水资源管理及可持续利用对企业发展的影响,并列举了 CH2M HILL 集团、Cisco Systems 公司、Coca-Cola 公司、Dow 化学公司等诸多全球知名企业的水资源管理战略;第 8 章从两个世纪前的案例出发,分析了未来水资源相关业务的投资价值以及投资渠道,探讨了水权交易的金融属性及其实施的可行性;第 9 章分析了人类活动导致气候变化进而对水资源产生的重大影响,以及气候变化对人类带来的潜在风险,并提出了如何利用生态系统及相关基础设施建设以应对气候变化。第 10章从水资源管理角度探讨了政府发展新型经济体系方面的突破，以及建立公私联盟、政企合作等方面的经验，列出了世界经济论坛水资源倡议组与水资源小组下一步的主要工作计划；第 11 章从未来的水资源供需缺口出发，列举了当前水资源的供应和生产技术，并分析了如何建立新型的水资源合作伙伴关系，来促进政策制定者、私营企业和社会公众共同启动改革，从而解决目前以及未来的水安全保障问题；第 12 章为本书的结论，论述了如何将本书提出的倡议付诸行动。

本书由长江水利委员会长江科学院流域水环境研究所曹慧群和罗平安共同翻译。曹慧群，博士，高级工程师，现任流域水环境模拟与调控研究室主任，从事流域水环境模拟与保护相关领域研究工作，负责本书的引言、第六章至第十二章的翻译工作；罗平安，硕士，工程师，从事地表水环境模拟与保护相关领域研究工作，负责本书的第一章至第五章、致谢的翻译工作。本书的出版还得到 2012 年度中国清洁发展机制基金赠款项目"全球气候变化下长江流域水资源开发利用保护研究与宣传"（项目编号2012044）资助，在此致谢。

本书内容丰富，数据翔实，可供相关领域的科研人员、工程师和管理人员参考，本书也适合相关专业的研究生和高年级本科学生阅读学习。

限于译者水平，错漏之处在所难免，敬请读者批评指正。

译者

2017 年 10 月 18 日

序言

在 2008 年度世界经济论坛达沃斯—克洛斯特斯年会上，企业领导们共同提出了一个以提高人们认识为目标的水行动倡议，从而帮助大家更好地理解水资源与经济增长以及其他问题之间的关系，以及在沿用传统常用水资源管理条件下，至 2030 年我们将面临的水安全挑战。

在这次会议上，联合国秘书长潘基文向企业家发出了一个挑战：利用他们的行动倡议，帮助相关政府部门应对水资源的相关问题。

在过去的 3 年中，水资源相关的分析和探讨十分激烈，贯穿于整个世界经济论坛的会议及其他相关平台。这些讨论得到了由多家公司组成的水资源倡议组织的支持，并通过全球水安全议程理事会予以公告。作为一个重要的成果，本书汇集了目前的各种争论。本书也阐述了，如果在后续 20 年不采取水资源管理相关措施，我们将会面临怎样的挑战。同时，书中还展望了未来，即通过引入一种创新的水资源管理制度（这也是世界经济论坛目前正在从事的工作），促使水资源小组由观望转移到行动上来。

本书汇集了全球关于公共—私人—专家联盟应对水资源挑战方面的成果。本书还展示了世界经济论坛多方利益相关者的观点：即针对全球及区域未来工业发展进程中涉及水资源的关键问题，阐述了经济领域的专业知识及观点。

世界经济论坛所建立的广泛关系网，为本书的不断完善发挥了至关重要的作用。我们尤其要衷心感谢水资源创新项目委员会的企业成员对本书内容构思以及出版的深谋远略，以及全球水安全议程理事会历届会员们对水资源创新以及本书成稿所付出的长期努力。

此外，对以下人员表示特别感谢：感谢世界经济论坛基金董事会成员、Nestlé 公司董事长 Peter Brabeck-Letmathe 先生，在他的领导下，他的远见和决心促成了论坛的水安全议程。在国际商业理事会中，我们特别感谢 PepsiCo 公司董事长兼首席执行官 Indra Nooyi 和 Coca-Cola 公司董事长兼首席执行官 Muhtar Kent，感谢他们建立合作伙伴关系方面经验的分享以及为水资源相关论坛工作做出的贡献。在政府伙伴中，我们特别感谢瑞士发展与合作总干事 Martin Dahinden 及其 SDC 水资源团队对水资源论坛工作的长期支持，同时感谢我们的重要合作伙伴——International Finance 公司的首席执行官 Lars Thunell 及其 IFC 水资源团队。我们同样感谢全球水伙伴、世界经济论坛全球水安全议程理事会(2007—2010)主席 Margaret Catley-Carlson 的赞助，在她的帮助下，过去四年我们通过召开各种不同的会议，最终使水资源议程得以成形。

本书也汇集了 2008—2010 年期间，非洲、中国、欧洲、印度、中东、以及达沃斯和迪拜全球议程年会上的各种高级会晤和会议中，参与水资源创新讨论约 300 名以上人员的观点。

我们在此对所有参与人员一并表示感谢。

了解更多信息请联系 water@weforum.org 或者访问 www.weforum.org/water。

——世界经济论坛常务董事 Richard Samans
——世界经济论坛资深总监 Dominic Waughray

2009 年 1 月 29 日联合国秘书长潘基文
在达沃斯年会世界经济论坛水资源倡议会场上的开幕词

女士们,先生们,上午好:

很高兴见到大家,一年前在达沃斯这个地方我们召开了会议,很高兴今天得以再次召开。

近来,我曾说过去一年我们需要应对多重危机,包括经济危机、食品危机、能源危机,现在又增加了气候变化危机,所有这些危机一直伴随着我们。在资源日益减少的形势下,这些危机突显出世界的脆弱性。众所周知,在日益减少的资源清单中,优质水资源位于前列。因此你们的工作十分必要,我对此也表示赞赏。过去的一年中,学者、商业人士与政府领导联合起来,一起将水资源短缺这一问题列入了全球议程。大家开始认识到, 这一问题将与世界发展、和平及安全、经济增长等众多挑战相互影响。全球公众逐渐意识到，气候变化、水安全等对世界大部分地区人民产生威胁，并衍生出一系列矛盾与冲突。他们也认识到，人类活动导致的气候变化以及不断增加的水资源消耗，对全球日益减少的资源产生前所未有的压力。值得庆幸的是，我们同时也了解到如何让科技在缓解水资源压力中发挥重要作用。无论新技术还是传统技术，都可以改善水资源现状，比如通过海水淡化、雨水收集以增加水资源供应，采用简单的新型灌溉方法以实现节水，如农民可以种植多样作物或者耐旱作物。这些都已为我们所熟知。目前的问题是，在联合国或全世界大部分区域，缺乏全球性管理机构进行协调。在如何应对气候变化、农业压力以及水资源技术等相关的问题，还缺乏宏观层面的责任、义务或视野。这就是你们目前所面临的问题。我去年介绍了联合国全球契约"CEO 水资源管理使命"计划，你们中有些人是其成员，现在也已经取得了实质性的进展。我希望你们中有更多的人能够加入进来。你们对于促进全球水安全议程理事会的工作是必不可少的。你们今天所讨论的，正是关于为经济发展和地缘政治预测所作的大量工作。这是你们首次汇聚一堂，从不同的角度、不同专业全方位地剖析问题，并提出解决方案的建议。因此，你们很快将构建由企业、政府、高校、非政府组织组成的未来伙伴关系框架。剩下的问题就是，如何使该框架具备普适性和系统性。我们也需要对此开展相应的工作。

我期待能看到你们完成该项工作。我也会尽我所能提供任何帮助。

前言

1911 年，John Muir 观察到"当我们试图从大自然中单独挑出一个独立的个体时，我们却会发现它与宇宙中的其他事务都有关联。"一个世纪后，一次世界经济论坛上发现了同样的现象。400 个高层决策者一起列出了目前影响全球稳定的各种威胁，包括饥饿、恐怖主义、不平等、疾病、贫穷和气候变化等。当我们试图逐个突破时，发现它们最终都关联到一个全球的安全风险：淡水资源。

从某种程度上说，水资源短缺是一个古老的问题。在过去，水资源短缺可通过贸易的方法来减缓，因为干旱地区可从绿洲进口水资源。然而，目前在我们炎热、饥饿、拥挤以及快速蒸发的地球上，这样的压力调控阀已经不再存在了。最近，McKinsey 公司的研究发现，近 20 年内人类对水资源的需求总量将超过预期供应量的 40%。这种短缺将推高食品价格、消耗能源、紧缩贸易、产生难民、削弱政府权威。水资源短缺已成为全球性问题。

我们的联合工作毫不夸张地展示了为什么是水与"宇宙的一切相关联"，以及哪些地方体现了水的关联性。水不仅与我们的牛肉饼、莴苣、奶酪、咸菜、洋葱、番茄酱、芝麻面包有关，也与汉堡包的包装、建筑中的焊接、烹饪中的能源以及贷款给公民的金融系统等有关。河水能够推动涡轮机，或生产生物燃料或给电厂降温。淡水资源决定了每天约 5000 名儿童的生死，及其所穿的衣服的生产，同时决定了他们脆弱的政府是趋于稳定还是开始瓦解。水资源是每个城市扩展的制约因素之一，银行家和企业主管们将水资源视为限制经济发展唯一的自然因素。长期以来，水资源在众多关联中一直处于压倒性的优先地位。本书的目的，旨在把我们经常有意的忽视转变为浓厚的兴趣，并付诸行动。

本书汇集了经验丰富的研究者数十年的合作成果，对全球热点争论问题进行答疑解惑。这本具有里程碑意义的著作并不是一蹴而就的。2009 年达沃斯——克洛斯特斯年会上题为"即将破裂的泡沫——水安全"的初期报告为本书的雏形，并在随后多年里共几十个会议的讨论成果基础上继续完善。本书不仅展示了当前的风险和未来影响的预测成果，也提出了积极的对策建议；各种不同的观点，通过深入的分析，并经公共部门和私人部门实际案例研究证实,在未来20年,水资源将在世界经济安全中扮演十分重要的角色。

直到现在,我们才认识到,在经济发展和相关决策过程中,水发挥了异常复杂而又微妙的作用。其实,这一观点早就很明确:在未来20年,如果我们还是一如既往地采用当前的水资源管理方式,世界大部分区域的经济增长、人类健康以及国家安全将面临严重的结构性风险。有些区域将比其他地方更早感受到温度的升高。事实上,我们已经零星看到一些令人不安的现象。受到农业、能源、气候变化、城市化进程、基础设施、人口和环境压力等方面变化的影响,本书将解释为什么我们不能仅仅采取过去的水资源管理方式。

2009年,企业伙伴论坛和全球水安全议程理事会联合起来,对本书相关的章节进行了扩充、修订和完善。同年,论坛还邀请了一群杰出的首席执行官、水问题研究专家、非政府组织的负责人、科学家和国际官员,为我们未来共同面对的各种水资源挑战以及如何应对提供了建议。

世界经济论坛水资源倡议组织的下一阶段工作,将在该平台上搭建一个本书所述的分析与决策框架。当然,你目前的工作既不会受此限制,也不会是终极工作。事实上,水安全绝不是世界的终极目标。它只是为当前广泛的合作引入一股清流,寻求一段高效的、多产的、公平的旅程,让世界走向自然循环、再生和更新。

Margaret Catley-Carlson, Patron
加拿大全球水伙伴赞助人
世界经济论坛全球水安全议程理事会副主席

目录
Contents

引　言

水—食物—能源—气候之间的关系：事实与数据的概述

在未来 20 年，全球经济将面临食物、能源、气候、经济增长和人类安全等诸多挑战。这些挑战交织成网，水安全正是这个关系网的连接线。

如何在全球经济网络中管理水资源，是一个结构调整方面的问题。这个问题如果没有尽快得到解决，日益恶化的水安全问题将很快渗透到全球经济系统的各个方面，并作为地缘政治学中的头等大事而暴露出来。2008 年、2009 年以及 2010 年，食品价格波动越来越频繁，可视为危机即将到来的预警标志。可以说，水资源处于农业领域挑战体系中的核心位置：快速增长的食品和纤维材料的需求将遭遇降雨和气候模式的变化，同时陆地上的地表水和地下水资源日渐耗尽，并日益被污染。随着经济增长，能源、工业和城市系统将需要更多的可利用水资源，一种解决方案是大规模扩张农业用地，但这种方式前提是不能加剧温室气体的排放，否则会增加应对气候变化的挑战。另一种解决方案是对更多的作物采用滴灌。

然而，从历史来看，农业部门（尤其是在发展中国家）在科技、人力资本以及管理机构方面的投入一直都很少，意味着他们缺乏必要的有利环境以及能力卓越的政府领导，进而难以利用有限的水资源生产出大量的食品和纤维材料。如果我们联合起来并迅速行动，则可以对这个系统进行必要的改进。但是，一个能力不足的国际贸易机制，以及复杂的关税和补贴体制，使全球体系中农作物短缺导致的损失大大增加。

为什么会变成现在这样的状态？在世界上许多地方，我们坚持实行低水价政策，结果造成水资源浪费和过度用水。我们以牺牲应对未来需求的水资源为代价，耗尽了地下水资源库存。实际上，在过去 50 年，我们已经享受了一系列区域性水"泡沫"支撑下的经济增长，尤其是在农业领域。但我们尚没有考虑清楚，在这些激励措施中，该如何从全球角度考虑水安全问题。世界贸易格局与水资源水平并不同步——世界十强食品出口商中有三家公司位于水资源匮乏的国家。正是因为上述以及其他种种原因，世界上许多地方濒临水资源破产的边缘，且目前尚无偿还水资源债务的有效办法。实际上，全球很多区域都出现了水泡沫，如中国、美国、印度、中东、地中海大部分区域，非洲南部等，未来还有更多地区将出现水泡沫,这将对地区的经济和政治稳定造成严重的后果。

面对未来的水资源需求,这种区域性的挑战将演变为一种全球性的危机。随着世界经济增长,水资源的需求将不可逆转的持续增加,并超过人口增长速度。由于目前水资源利用效率很低,意味着未来将没有足够的水资源来支撑我们想做的各类事情。与能源不同的是,水资源不可替代,也没有其他替代方案。我们不能仅仅像过去一样管理水资源,否则经济结构将崩溃,出现食品短缺的可能性非常大。联合国秘书长潘基文这样说道:"随着全球经济增长,水资源问题将日益严重……水安全问题不是一个富有和贫穷、南方和北方的问题……但是只要我们保持水质干净、更高效地利用水资源、更公平地分享水资源,我们所需要的水资源还是足够的……这需要各国政府参与和引导,同时也需要民营企业的介入。"

若要确保未来20年内经济持续增长、人类安全和政治稳定,如何管理水资源很快成为一个亟待解决的政治问题。虽然企业和非政府组织都在竭尽所能,但水资源从来就不仅仅是纯粹的经济商品,它具有很强的社会性、文化性和地域性等多重特性。水资源的管理和改革需要政府参与。一个没有约束力的市场联盟将无法实现社会、经济和环境所需的水资源产出。管理好水资源十分必要。

最近的金融危机及其影响给了我们一个严重的警告,对于已知的经济风险若任其发展将会发生什么。它告诉我们,在当今世界体系中,广泛的合作尽管很难,却是克服危机向全球蔓延的唯一有效途径。它同样为我们提供一个机遇:通过政府主导和多方利益相关者共同努力,以改进我们未来的水资源管理,并在经济紧缩期,将政府机构、企业和民众联合起来,一起应对这些常见的(通常为区域性的)共同挑战,将成为一项实用有效的紧急解决方案。

世界各地的富人和穷人都认识到,日益严重的水资源问题已成为影响贸易、生活和健康的重大问题。在这方面,由于其突出的社会性、文化性和经济性等特质,无论是在区域层面(如一口井或一条河流干涸),还是在全球层面(以最近巴基斯坦的洪水灾害为例),通过当今的网络和大众媒体,均可以看到水安全问题的影响。水安全问题,无论是长期的缺水,还是短期的过量,都会引起社会各个部门的关注。

无论是发达国家还是贫困国家,水资源均处于社会、经济、政治(包括农业、能源、城市、贸易、金融、国家安全、人类生计等)关系网结构的核心位置。水资源不仅是生活必不可少的元素,很多人更视之为一种权利,同时也无可争议地是一种具有经济和社会属性的商品。与其他任何商品都不同,这种商品自带权利属性,具有不可替代性和其他替代方案,同时还是人类、环境和经济系统中各个方面之间的重要连接媒介。

对于我们共同面临的水资源挑战,本书首次收集了政府官员、宗教人士、非政府组织领导人、学者、商业人士、企业家、金融专家、新闻记者、贸易专家等的观点。针对每一个问题,通过案例分析来阐明,利用水资源管理方法的创新来满足未来社会和经济的需求是十分重要的。

第 1~9 章主要在以下方面进行了探索:

- 农业
- 能源
- 贸易
- 国家安全
- 城市
- 人民
- 商业
- 金融
- 气候

每一章均以世界经济论坛早期水资源相关的报告为基础,同时得到了政府官员、学者、非政府组织领导人、商业人士,以及水倡议论坛参加者、全球议程理事会水资源论坛参加者和过去几年内水资源相关论坛评论员的贡献和支持。每一章的内容框架基本一致,包括如果我们不采取行动 2030 年将可能出现的情形,以及目前一些可供选择的应对方法。

当你阅读接下来的内容,你会清晰地发现,各行各业讨论者所关注的不仅仅是贫穷和社会公正,而是更加广泛的地缘政治与政治经济环境:从国家安全和全球事务方面来说,水安全可以说是野心家关注的问题。综观全文,水资源已经不再是一个科技和环境问题。在这个快速变化的世界中,等到 2030 年再往回看时,可以逐渐明确的观点是,21 世纪的政治、经济、社会稳定很大程度上依赖于我们如何管理水资源,它将位于 20 世纪全球安全事务所公认的其他任何"硬实力"之上,如恐怖主义、核扩散、化石燃料安全等。

总之,本书前 9 章阐明了水安全与各类挑战相互关联的最新认识。到 2030 年,世界体系至少还将面临的挑战,包括食物、纤维材料、燃料、城市化、移民、气候变化、经济增长,等等。

本书最后 3 章则关注我们能做什么。令人高兴的是,不像前面的章节一直阐述我们所面临的问题,这一章将是好消息的开始。这些章节探讨了基于政府管理水资源发展新型经济体系方面的突破,以及建立公私联盟、并同政府一起在水资源方面努力付诸行动的经验,最后列出了世界经济论坛水资源倡议组织与水资源小组下一步的主要工作计划。

显然,在完善所搭建的水资源管理框架中,政府能够也必须发挥主导作用,但其他许多利益相关方也应该在解决方案中发挥作用。这种涉及多利益相关方的挑战，需要一个联盟——公共部门—私人部门—民众联合起来，共同致力于应对水安全的挑战，从而在共建的政策框架下，发挥各自优势。

然而，建立这种联盟并非易事。想要各利益相关方联合起来，建立一个"中立对话"程序，以一种合理又兼顾全局的方式来应对水安全挑战，这显然已经超出了任何一个国际机构、非政府组织、智囊团、农民协会、工会或企业的能力范围。即使是政府，也会发现有时很难做到。无论谁作为领导，其他人都会认为有特权的嫌疑。强权政治往往容易导致各利益相关方之间不平等的对话。交易成本过高，会导致起步阶段的进展缓慢，此外相互之间建立信任也需要一定时间。

在解决水安全难题的任何一个环节中，如何找到有效的方法来帮助政府发挥领导作用是工作的核心。本书中，所有讨论者都一致认为，必须建立一个新局面，让政府有信心将民众、民间团体、商业专家、国际机构团结起来，从而探求一种实用的解决方案，以应对日益加剧的水安全挑战。PepsiCo 公司董事长兼首席执行官 Indra Nooyi 说过："水是健康、饥饿、经济增长……众多全球性问题的纽带。令人难过的是，目前社会的种种不幸很大程度是由于水资源短缺导致的。我深信，世界各地政府、企业、学术界和其他利益相关者之间的广泛合作，是解决这一糟糕现状唯一有效的可持续途径"。

通过过去 5 年的持续讨论，如世界经济论坛年会和地方会议（特别是 2008 年、2009 年和 2010 年的达沃斯—克洛斯特斯年会），以及其他重大发展倡议（如联合国全球契约"CEO 水资源管理使命"计划与 International Finance 公司——组成的 2030 水资源小组），一些政府已经开始支持这种以事实为基础的政府—私人—专家讨论模式。有些人则认为我们正处于变革的浪尖。

为巩固这一新兴势头，急需一些事实和案例，来展示这些转变和新的合作模式在现实中是如何实现的。我们需要建立信心，尤其是政府，以采用基于事实的实用方法来解决这种复杂的挑战。这也是世界经济论坛水资源倡议组织和主要国际分析机构合作伙伴（如水资源小组）的下一阶段目标。

本书的内容并不是提供水安全问题的最终解决办法，而是以世界经济论坛多方参与的核心精神为基础，将一系列不同的观点简明地呈现给读者：

首先，利用专家的观点，阐述未来 20 年经济发展中水资源管理面临的一系列复杂挑战；其次，汇集了当前关于水资源需求增长趋势预测的先进成果，分析了我们若不采取行动，这些挑战对社会、经济、政治稳定等产生的影响；第三，提出解决办法，如推行一种由世界经济论坛和许多其他行动者进行联盟的重大举措。

因此，本书应视为一段旅程的起点而非终点；通过这本书打开一扇门，让我们窥视到若无法应对水安全挑战,2030 年我们将面临怎样的世界;同时也给我们指明一条可能避免这种危机、通往光明的新道路。本书可在维基百科平台查阅,同时也出版了纸质印刷版,我们希望这本关于介绍水安全问题的书籍,能够启发读者思考和研究,并在本书所示的远景展望方面提高认识、增长见识。

我们期望在读完本书之后,为各位读者打开水安全问题之门,对水安全问题的看法有所改变。为了帮助读者开始这一旅程,本节后续将提供一些关于水资源相关的案例和图表,以展示水资源是如何在食物、能源、贸易、经济增长、气候变化和其他问题之间发挥纽带作用。

水—食物—能源—气候之间的关系

McKinsey 公司的分析成果,清晰地展示了 2030 年全球面临水资源挑战的基本情况,该分析成果已纳入 2030 年水资源小组报告。

● 目前全球农业用水约为 3.1 万亿 m^3,占当今总用水量的 71%。如果用水效率不提高,2030 年这一数字将增加到 4.5 万亿 m^3。

● 目前工业需水量占全球水资源需求量的 16%,到 2030 年这一数字将增加到 22%。

● 到 2030 年,生活用水需求量比例将从现在的 14% 下降到 12%,然而一些特殊地区这一比例将提高,尤其是在拥有新兴市场的地区。

上述不同领域的水资源需求同时在增加,它们之间将如何相互关联,是贯穿本书全文的一大主题。世界经济论坛全球水安全议程理事会过去 3 年的工作成果,以及与其他利益相关者的联合工作成果,展望了 2030 年水—食物—能源—气候之间的关系,及其在政治、社会公众、商业决策者等方面产生的影响。目前这些影响已经开始逐渐显现。水资源是所有经济增长的核心驱动力,水资源方面的问题不容有失。

以下内容概述了相关的事实和数据,其详细内容已在 2010 年 8 月世界经济论坛国际商业理事会(该理事会是一个由世界百强企业首席执行官组成的团队)的报告中列出。在全球水安全议程理事会的指导下,在全球议程理事会关系网中众多专家和达沃斯国际工商理事会专家等的广泛参与下,通过对水资源纽带作用的讨论,大家对水资源、能源、食物和气候之间如何相互关联的认识有所提高。

为了进一步加深对上述内在相互关联作用的理解,并根据需求进一步强化上述关联作用,我们将在这条持续前进的道路保持前行,同时在未来几年这将极大可能成为全球、地区或商业界议程的核心。如何解决水安全问题,对满足未来经济增长需求的水资源进行管理,将成为现实工作的出发点。

关于事实与数据的概述

目前全世界的粮食、水和能源资源已承受了巨大的短缺压力,在未来 20 年,随着人口、经济和消耗率的增长,预计对这些资源的需求量还将显著上升。然而面对这些变化,整个世界都还没有做好准备。因此,为了满足上述需求,投资和贸易必不可少。如何满足未来粮食、水资源和能源的需求,将成为一个日益严峻的难题。这些问题之间高度关联,也使得该挑战具备特殊性,需要我们拿出一个系统的、可协调各参与方的解决方案。而对于这些参与方,目前还缺乏相应的激励措施或者制度保障。水资源就是贯穿这个纽带关系的一个核心。

未来 20 年全球快速发展,对水、粮食和能源的需求将加剧增长

在接下来的几十年,全球人口、经济等呈增加的趋势,将极大增加对水、粮食和能源资源的需求。这些需求驱动包括:

● 人口增长:未来 20 年,全球人口预计将从当前的 68.3 亿增加到 80 亿,其中大部分人口增长由发展中国家贡献。到 2050 年,欧洲、美国、加拿大的总人口数将仅占全球人口总数的 12%。

● 经济增长:将主要由新兴市场驱动——世界银行估计,21 世纪中叶发展中国家的经济增长率为 6%,而高收入国家的经济增长率为 2.7%。若延续这种趋势,到 2050 年,欧洲、美国和加拿大的 GDP 总值将不到全球总 GDP 的 30%,而早在 1950 年,这一比例高达 68%。

● 城市化:目前全世界超过一半的人口居住在城市。全球超过 1 千万人口的大城市共有 24 个,其中 17 个位于发展中国家。对于人口在 100 万以上的城市,中国已有 100 多个,印度有 35 个,美国只有 9 个。到 2050 年,中国的城市化率将达到 73%(目前为 46%),印度将达到 55%(目前为 30%)。

全球经济持续繁荣的发展和城市人口的激增,将需要更多的食物、能源和水资源供应。预期的变化趋势包括以下几个方面。

(1)粮食需求不断增加,饮食习惯不断改变:全球人口在不断增加,且大部分人越来越富有,并趋于高度城市化,这意味着将需要大规模种类繁多的粮食。为了满足未来 20 年不断增长的需求,农业需要增产 70%~100%,同时减少收割损失。饮食习惯的改变——在收入增加以及其他相关变化的带动下,资源密集型食品(如肉类)需求将上升。到 2025 年,全球肉类食品需求将增加 50%,进而推动粮食需求增长 42%。目前,全世界有近 10 亿人口处于饥饿或营养不良状态, 当前的粮食供应及农业系统似乎还没有做好应对这些挑战的准备。仅靠增加粮食产量,无法解决饥饿的问题,因为穷人可能难以获得这些食物或是他们不具备购买力。

(2)能源需求不断增长:根据国际能源机构预测,和当前相比,到 2030 年全世界经济发展对能源的需求量至少增加 40%。但根据 McKinsey 公司的 Catalyst 项目成果,届时约 77% 的能源开发基础设施还未完成建设。到 2030 年,中国需增加的发电装机容量超过 1300GW(是当前美国水平的 1.5 倍),印度需要增长到 400GW(相等于当前日本、韩国和澳大利亚发电装机容量的总和)。对许多国家而言,首先考虑的是如何增加能源供应——发展中国家将有 15 亿人面临缺电,而超过 30 亿的人口将依赖生物能源取暖和烹饪。

(3)水资源需求的增加远远超过全球人口的增加幅度。最近一项分析表明,到 2030 年全世界淡水资源的供需缺口将达到 40%。许多国家地下水开采速度已超过了地下水补给速度(墨西哥超采 20%、中国超采 25% 和印度超采 56%)。若按当前的趋势发展下去,到 2030 年,全世界 2/3 的人口将面临巨大的水资源供应压力。

随着世界经济增长,水资源供应压力将十分巨大

日益严峻的水资源短缺形势将导致粮食作物减产,其一年的减少量相当于当前全世界粮食消耗量的 30%(回想一下,与此同时我们还需要增加粮食产量 70%~100%)。然而,面对这一挑战,增加地表水供应量的途径可能已经行不通了。自 1960 年以来,所有大坝的总蓄水量已经翻了两番,据最新统计,所有大坝(有记录的)的总蓄水量达到 60 亿~70 亿 m^3。然而,自 1960 年以来全世界河湖的取水量也同时增加了 1 倍。由此衍生而来的问题是,跨界水资源的管理已成为许多地区地缘政治冲突点。不可避免的是,随着水资源需求增加,不同经济体以及不同地区间的水资源竞争越发激烈。根据预测,对于 2000—2030 年经济增长最快的区域,其工业发展对水资源、能源的需求量将增加最快(如拉丁美洲的需求量将增加 56%、西亚将增加 63%,非洲将增加 65% 和亚洲将增加 78%)。前面已经提到,这些区域平均农业用水占水资源消耗总量的 70%。如何才能解决这个水资源不平衡问题?

气候变化的影响——以及不良应对措施的间接影响,将进一步加剧上述挑战的压力。即使采用最保守的模型预测,未来气候变化可能对水资源需求、水资源可利用量以及水资源可开采量带来附加的压力,同时也缩小了水资源总体供需的差距。冰川作为河流的源头,是世界最大的淡水资源库,仅在亚洲地区就为 20 亿人口提供了水资源。气候变化主要对山区冰川产生威胁。20 世纪 90 年代喜马拉雅山冰川的萎缩速度是 20 世纪 80 年代的 3 倍,按此趋势,大部分冰川淡水资源库将在本世纪末消失。虽然很难精确预测这些数值,但从总体趋势来看,气候变化可能导致发展中国家的农作物减产 10%~25%,印度可能达到 40%。农业占用了全球 65% 以上的劳动力,贡献了 29% 的 GDP,因此其影响不仅是食物供

应,还包括就业和收入。农业大幅度减产将可能产生诸多经济影响,尤其对穷人收入产生影响,从而反过来进一步突显资源短缺问题。

这些问题彼此关联,因此必须统一考虑综合解决

更为复杂的是,这些问题之间高度关联,针对某一问题的解决措施,却可能让另一问题变得更加复杂。目前全世界70%的淡水资源用于农业,每生产1卡路里农产品的耗水量达到1L。这意味着,如果农业用水效率没有明显或根本性的改善,实现粮食产量持续翻番是很难的。对于工业,最大的用水户是能源生产部门。随着能源生产不断扩张,到2030年美国能源需求量预计将增加40%,未来将需要更多的淡水资源支撑。据美国地质调查局估计,目前美国每年生产和燃烧了10亿t煤炭,所需的水资源耗水量为2080亿~2840亿 m^3,相当于美国每年淡水资源利用量的一半。根据估算结果,在当前的能源体系下,能源需求每增加40%,意味着淡水资源的需求将增加165%。若我们还是采用传统的水资源管理方法,这一目标是否能够实现?美国能源部官员向国会表示,未来能源的产量将取决于水资源的可利用量。

根据国际能源机构预测,2007—2030年所需增加供给的能源,75%将由化石能源(特别是煤炭)来满足。到2050年,碳排放将导致大气中碳元素含量(千分之一)超过当前国际谈判确定目标(实际已超过)的2倍。由此将导致全球变暖,加剧水资源的短缺,从而影响粮食生产。

到2030年,水电能源将成为世界主要的可再生能源,提供的电量将是海洋风电(水电的最有力竞争对手)的2倍多。目前全球在建水电的装机容量约为170GW,其中76%位于亚洲。但据估计,每1MW·h水电的生产将导致17 m^3 的水资源蒸发(相比之下,热电厂每1MW·h发电的水资源蒸发量仅为0.7~2.7 m^3),因此,仅亚洲新增的水电装机容量,将可能导致数10亿 m^3 的水资源从水库中蒸发。

当水资源消耗与碳排放一并考虑时,一些可再生能源利用的可持续性将降低。这种现象不仅仅发生在水电能源的开发,如页岩气开采属于水资源消耗密集型的能源开发,同时开采过程中存在水质污染风险,因此此事已受到美国立法者和监管人员的密切关注。类似的,对于太阳能热电厂,单个热电厂所需要的冷却水量达到49亿L,约占当地小溪流水资源量的20%。而目前,在美国加利福尼亚和内华达州沙漠已分布了35个太阳能热电厂,这些电厂的负责人正在与所在州的监管机构进行协商,争取获得热电厂冷却所需要的水资源。

通常,政府的决策能够发挥重要作用,但有些时候也会使事情变得更加糟糕。据国际能源机构预测,受减少汽车尾气排放相关政策的激励,到2030年全球5%的陆路运输将

使用生物燃料,用于替代每天超过 320 万桶的石油。然而,生产这些生物燃料将需要消耗当前农业用水量的 20%~100%,即意味着这部分水资源被用于生产燃料,而不是用于需求更大的粮食作物的生产,显然,这对于水资源利用以及土地利用来说都是不可持续的。

上述现象正使"可持续"能源标准的界定复杂化。政府到底是追求低耗水的能源增产政策,还是零碳排放或零耗水的能源政策,又或者是两类政策同时实施?目前,政府还未将能源安全和水安全统筹考虑。但是,未来的发展必然兼顾多目标——未来,我们所期望的是,将单位 GDP 能耗和单位 GDP 水资源消耗放在同等重要位置考虑。

对于水资源短缺问题的解决,跨境贸易和投资的方法在理论上能够行得通,但在实践并不实用

对于许多国家的水资源短缺问题,一个理论上可行的方法是通过贸易来解决。例如,一个国家可通过进口"虚拟水"——从国外进口 1kg 小麦,来取代国内消耗 1300kg 的水资源来生产这些小麦。"虚拟水"的贸易,可将农业用水转移到高附加值的工业和能源用水中,从而更有利于经济的发展。根据估算,亚洲通过"虚拟水"贸易,即通过扩大粮食进口规模,可使农业灌溉用水减少 12%。

但到 2030 年,由于工业和能源行业不断发展,所有南亚、中东和北非国家都将需要通过贸易来增加国内可用水量。理想状态下,上述地区能够通过世界贸易系统来满足约 23 亿居民的食物和膳食纤维需求,从而提高其工业和能源行业的用水比例。然而,目前的国际贸易体制并不能完全满足上述农产品贸易的需求。事实上,2001 年国际贸易中农产品的出口比例已下降至 9%;此外,由于 2008—2010 年小麦、糖、大米和其他商品出现了价格波动,导致这些产品的贸易行情更加惨淡。如上所述,一些国家的贸易形势与其水资源水平并不匹配,如十大粮食出口商中有三个处于缺水地区,而十大粮食进口商中有三个处于水资源丰富地区。虽然,气候变化将会使北方地区的农作物产量提高,但是历史上一些不合理的贸易保护制度,可能会限制其他国家从中获益。

若缺乏行之有效的政策框架,资源争夺可能导致全球退化

对于经济发展较快的国家,由于无法依赖贸易来确保粮食安全,这些国家通过与拥有灌溉条件良好、土地较肥沃的落后国家,不断签订大量土地租赁转让协议,以确保他们的粮食安全。根据媒体报道,2006—2009 年间发展中国家土地租赁转让总面积超过 2 千万hm,其中大部分通过国有企业或者投资公司代理,实现政府间的贸易。日本目前在海外拥有的土地面积是其本土面积的三倍,沙特阿拉伯、科威特、韩国和中国,分别在苏丹、埃塞俄比亚、刚果(金)、巴基斯坦都有类似的担保交易。利比亚与乌克兰也达成了一项土地换石油的交易。一些非政府组织的相关报告指出,柬埔寨、老挝、苏丹等国家拥有大量的土地,但缺乏水资源,通过向外来投资者出租大量的土地来获得粮食援助。因此,这些租赁转让行为与其说是对土地的争夺,实质上还不如说是对水资源的争夺。

对于上述问题,地区组织与国际组织都在积极寻找解决办法,如为上述相关贸易投资限定一个合理的范围。但是,根据资源变化相关预测,在接下来的 20 年内,上述交易的规模和数量可能迅速上升,水资源丰富国家将从水资源短缺国家获得大量的投资。此类双边贸易的增加,将会降低许多致力于水资源和环境管理的多边组织的影响力。此外,随着双边交易的日益趋多,这将对流域内利益相关方(如当地社会、商业和生态系统等)在追求并维持水权公平方面,产生更广泛的潜在影响,从而在水资源普遍缺乏时期产生新的矛盾爆发点。

各国资源的争夺将产生新的地缘政治形势,如基于国家利益的潜在联盟、同盟国间的潜在联合,从而导致全球多边主义的退化。国际组织的作用受到质疑,跨国公司面临新的困境,因为规则已经完全改变了,或者根本就没有规则可言。

各国在制定相关政策和尝试其他解决办法时,必须考虑到,当面对资源短缺挑战时,食物、水、能源这类自然资源是紧密相连的。考虑到问题的复杂性和跨部门解决的必要性,此类问题对于大部分机构都极具挑战性。因此,我们需要果断采取必要的行动来应对,然而,目前对此类行动仍缺乏相关的政治保障。

需要一个大胆的转变,将危机转化为机遇

在全球经济复苏过程中,针对上述问题探索一种可持续的增长模式难度很大,但也不是不可能,需要将技术研究、经济分析和政策制定有机统一起来。例如,大家都逐渐意识到,探索低碳发展之路固然十分重要,但也必须纳入更加宏观的可持续增长环境中,当然这个环境也包括水安全。发展策略的制定,必须与其相关的环境约束相适应,同时要符合国家与人民对社会经济发展的期望。这意味着,如果想要在一个资源紧张、关系复杂的世界保持社会凝聚力,新的发展模式必须能够提供更多的就业机会及更高的收入。目前,韩国倡导了一种的新型绿色增长模式,是一种行之有效的方法。

毋庸置疑,在政治、经济和商业思维转型的初始阶段,将水—食物—能源—气候关联起来是一个系统性挑战,任何一家企业或一个政府都无法独立应对,需要采取集体转型模式。对于能否成功实现转型,一系列政策的引导、社会公众的支持、稳定的政策框架和投资氛围都尤为重要。创建一个多方参与的平台,有助于形成必要的共识,同时可通过该平台获取更加广泛的专业知识,提高执行力,从而实施有效的应对措施。我们采用分析—行动召集—改革转型的流程(简称"ACT"),以集中不同的群体,来共同发挥作用,这就是我们

所追求的一些"新规则与方法"。

由政府主导这项工作,是十分困难的。针对上述挑战以及复杂的环境,在推动政府实施水—食物—能源—气候系统改革进程方面，民间团体和企业领导能够发挥重要的建设性作用,具体体现在以下几个方面:

(1)在所有相关方之间分享专业知识,并进一步扩充相关知识,以获得可信的数据,同时针对挑战制定通用的政策框架;

(2)开创新的商业模式,即通过开发新技术、加大投资和提高效率来应对资源短缺挑战;

(3)启动并开展相关方的政策对话,从而为制定有效的政策框架和激励方案奠定坚实基础;

(4)在制定基于市场的解决方案时发挥领导指挥作用,并与其他相关方建立合作伙伴关系,从而保证该解决方案的有效实施。

第1章
农 业

本章将探讨水与农业的关系。过去3年中，许多公共机构、私营机构、学术和非政府组织，以及水资源倡议论坛委员会成员等代表参加了水资源相关的各种论坛和研讨会。本章的观点主要来源于这些代表的论述。

1.1 背景

1972年，罗马俱乐部发表了《增长的极限》，采用当时最先进的经济学模型，计算得出了一个惊人的结论，即进入21世纪后，伴随着人口急剧增长和经济膨胀，食物短缺和环境破坏将对人类产生威胁。

《增长的极限》预示着未来将会出现马尔萨斯灾难；全球食品和自然资源的短缺将造成人口数量的锐减；或出现经济负增长，世界变得越来越贫穷。

自1972年以来，世界人口增加了20多亿，全球财富呈爆炸式增长。通过一场发展中国家的农业绿色革命，人类现在拥有的食物远优于40年前。

难道是《增长的极限》一书的观点错了？

事实上，它跟我们普遍的认知略有不同。2010年，《增长的极限》作者之一 Jorgen Randers 指出："大多数人都不知道，《增长的极限》实际上分析了未来（1972—2100年）可能发生的12个场景，主要结论是，我们决定是否应该放缓增长速度之前，全球经济发展已超过了地球的极限。一旦进入不可持续的境地，我们将不得不减少资源使用、减缓排放速度。"

Jorgen Randers 指出，若能回到1972年，他们会将该书更名为《环境的极限》。该书的结论不是建议限制经济增长，而是建议提高自然资源利用效率，降低经济增长对环境的影响。

人类需求的不断增长，促进资源利用率的提升，即如何利用有限水源获得更多的食物，这也是目前农业所面临的挑战，与1972年罗马俱乐部预测的结果非常接近。

《增长的极限》中另一个值得我们注意的问题是，一些可能消耗殆尽的资源是如何影响经济的。他们预测，随着资源不断消耗，或许在21世纪初，资源衰竭也将对市场造成冲击。

实际上,这些影响已开始显现。2010 年秋,这本书出版的时候,夏季热浪席卷了北半球,从俄罗斯到印度出现了前所未有的持续高温,巴基斯坦发生灾难性洪水,巴西、中国和欧洲发生洪水和泥石流,中国西南地区发生近一百多年来最严重的干旱,泰国发生 20 年来最严重的干旱,澳大利亚北部和西部发生持续干旱,阿富汗、加勒比地区和肯尼亚发生史无前例的大旱。由于供不应求,小麦和椰子价格飙升,糖的价格持续走高,棉花价格飙涨(衣服价格高涨)。这些都是《增长的极限》中所描述的场景。

正如预测的那样,市场似乎已经出现了食品安全挑战的信号,我们应该如何应对?

2007 年,国际水资源管理研究所出版了一本名为《食物之水,生命之水:农业用水管理综合评估》图书,书中介绍了解决这些具体问题的方法。这本 645 页的书,由 700 名科学家合作完成,并被 50 位同行专家评议,它是应对农业水资源挑战方面最好的科学读物。是否有足够的土地、水和人去生产食物以满足未来 50 年的需求,理智的回答是否定的,除非我们采取行动提高农业用水效率。

该书描述了这样一个场景,"想像一条深 10m、宽 100m、长 710 万 km(足够绕地球 180 圈)的渠道,这就是每年为了养活 65 亿人所需的农业用水总量。为了满足 20 亿~30 亿人的饮食从谷物转到肉类,可能需要再增加 500 万 km 长的渠道。"世界粮食计划署总干事 Josette Sheeran 对此深表认同,就像她在 2008 年世界经济论坛全球议程委员会上讨论环境和可持续发展时所说:未来 40 年,粮食生产还要翻倍。到 2025 年,全球中产阶级对肉类的需求预计增加 50%。目前,缺乏食物的贫困人口仍超过 10 亿,占世界总人口的 1/6,到 2025 年,高增长率还将导致贫困人口增加 10 亿。相比之下,富裕国家估计有 33% 的食物被浪费。面对现在和未来的需求,我们的生产能力受到日益枯竭的水资源、气候变化、能源价格反复无常的波动与供应短缺等方面的严重挑战。除非我们做出改变,否则将无法满足未来的食物需求。

农业和水资源的问题并不简单,它包括合适的水量、均衡的时间和适宜的水质等几个方面。由于这种复杂性给全球农业带来的风险各异,我们需要从水资源、气候条件、农业生产、土壤、经济、政策、法规等方面去解决农业的需求,而水是最根本的需求。

因地制宜的解决方案至关重要,包括种植耐旱作物、耐盐作物(如印度很多地方),修建排水系统和采取其他措施解决洪水问题(如 2010 年巴基斯坦的洪水),更加高效的灌溉、观测和综合管理系统(包括采用生物学的方法管理昆虫、杂草和菌类等,采用生物学的方法管理水资源、应对高温和寒冷等),这不仅可以优化农业水资源利用,还能应对杂草和害虫等危害(杂草与农作物争夺营养和水,害虫损害农作物从而降低农作物产量和水资源利用率)。

针对农业的激励措施同样重要,它的效用甚至超过水资源和农场的有效管理。施用过量化肥和化学品对水体造成污染,粗犷的耕作方式和土壤侵蚀使水体浑浊。美国环境保护署认为农业污染是影响水质的主要原因。当农业向水中排放了过多的氮、磷、农药和无机盐等物质时,这些污染可能还会带来社会和环境问题。

因此,除非立刻采取上述提到的改进和激励措施,开发和部署新作物,采用水资源高效利用和抗旱新技术,否则,农业生产水平将无法满足未来的需求。

1.2　趋势

目前,约70%的淡水被用于农业生产（在一些快速增长的经济体这一比例高达90%）。农业用水效率一般都非常低,在大多数缺水国家,传统灌溉方式消耗的水只有一半能够收回,其余的水都被损失、渗漏或蒸发掉了。

未来15年,全球人口预计将从现在的63.8亿增长到80亿。城市中产阶级数量也将不断增长,而他们需要更多更丰富的食物。为了满足这些新需求,未来10年的粮食需求可能会增加一倍。到2025年,全球谷物总需求预计将从现在的5.85亿t增加的8.28亿t,增长42%。这意味着,在减少收割损耗的同时,农产品需要在未来20年增加70%~100%,而这增量中的25%是由于消费者饮食习惯的改变导致,而不仅仅是人口增长所致。农业生产力需要提升的速度和规模,前所未有。

人类对肉类需求的增加严重影响了水和农业的关系。生产1cal能量所需的水量,动物大概是植物的十倍。美国加利福尼亚州饮食用水平均为6000L/d,而突尼斯和埃及仅为3000L/d。

到2025年,全球对肉类的需求预计增加50%,到2050年,将达到4.65亿t,是1999—2001年2.29亿t的2倍。多年来,肉类食品在欧美饮食中的占比较高,新兴市场也向着这一趋势发展。在中国,人均肉食消耗从过去的低于20g/d到现在的150g/d,但仍远低于美国的350~400g/d。乳制品需求的增长,进一步加大了农业用水压力。到2025年,牛奶的需求预计增加近一倍,从5.8亿t增加到10.43亿t。因此,肉食需求的增长将给农业用水带来更大压力,生产饲料作物的灌溉用水将占人类用水总量的8%,与人类的洗涤及日常用水总量相当。

近些年,有大量政府补贴的第一代生物燃料给农业用水带来了更大的压力。为了应对温室气体排放,世界各国制定了雄心勃勃的目标,即采用生物燃料替代大部分的化石燃料。例如,欧盟已经制定了一个目标,即到2020年,道路运输的能源消耗要掺杂20%的生物燃料。生物燃料的用水强度取决于原料种类及其生长环境（如灌溉种植的原料就远比旱地种植的用水量大）,利用谷物和油料作物生产生物燃料的用水量大于石油生产的用水量

（玉米用水量为 9000~100000L/GJ，大豆为 50000~270000L/GJ，而石油仅为 28~72L/GJ），这巨大的用水量令人担忧。蔗糖、草和农作物的废料作为第二代生物燃料原料，一般不需要灌溉，相比第一代原料，用水量更少。然而，以获取单位能量计算，生物燃料的用水量依然是食品的 20 倍。生物燃料用水量较大，并不经济，因此还没商业化生产。如果利用第一代生物燃料替代 5%~6% 的能源，将会导致农业用水总量翻倍。许多决策者似乎还没充分意识到，这种替代显然是不可行的。

在世界许多地方，农业用水量已经大于自然补给量。在也门、印度的部分区域和中国北部，地下水位每年下降超过 1m。在墨西哥，459 个取水井中有 1/4 的取水速度超过长期蓄水速度的 20%。印度有 1/10 的粮食种植用水是超量提取的地下水，中国和印度的地下水超采分别达到了 25% 和 56%。

如前所述，开发和部署农业新技术，是解决农业用水挑战的重要举措。农业新技术的研发迫切需要更多的经费，然而，为提高发展中国家农业生产力的国际援助资金却在急剧下降。20 世纪 90 年代初以来，政府对农业的扶持资金从 12% 下降至 3.5%，下降2/3。为提高农业生产积极性的资金，比如盖茨基金和其他基金并未兑现。《食品之水，生命之水：农业用水管理综合评估》这一颇具远见的图书，都将提升人们对水和农业的关注度。

水质日益恶化对全球农产品市场和价格的影响，是有关水与农业关系的另一个重要议题。50 年来，食品价格稳步下降，尤其是在发达国家，这部分得益于科技的进步，但更多的是，我们并没有将环境和能源成本考虑在食品价格中。然而，自 2007 年以来，农产品的价格跟全球经济一样，一直处于波动中。农业用水是食品价格波动的主要原因之一，表现在三个方面：全球食品和农产品价格变化；缺水地区的农产品和其他食品的交易量和价格变化；对其他产品产生的连锁效应，这些产品本身并不一定受到水的威胁。

2010 年小麦价格的波动则是上述特点很好的诠释，如图 1.1 所示。由于高温和干旱，俄罗斯的小麦严重减产。由于小麦产量有限，一开始价格逐渐上涨，随后价格飞涨了近70%，俄罗斯政府随即下达了小麦出口的禁令，这才使小麦价格在接下来的几个月里保持平稳，但仍较干旱前的价格高出约 50%。而后，这种天气的影响进一步扩大至与小麦息息相关的玉米，导致价格上涨。由于天气条件，美国的农产品跟小麦一样，价格呈现持续上涨的趋势。在地球另一边的巴基斯坦，由于洪水灾害，棉花供不应求，价格上涨。大宗商品投机者放任甚至促使农产品价格上涨，造成全球食品和大宗商品的价格上涨，如图 1.2 所示。而这一切，正是水资源的时空分布不均和变化异常所致。食品和农产品的市场价格又回到了不久前的泡沫时期，长期的地表水和地下水短缺以及气候异常是目前世界上很多农业地区所面临的问题。这种不确定性，通过市场而放大，可能造成经济危机。

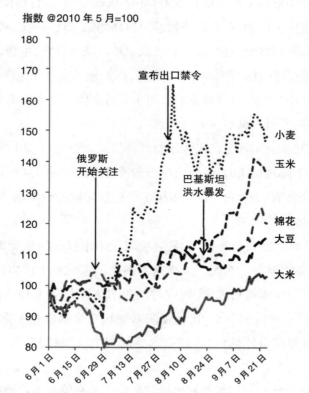

来源：芝加哥交易所/彭博社

图 1.1　2010 年 6 月以来大宗商品价格的演变

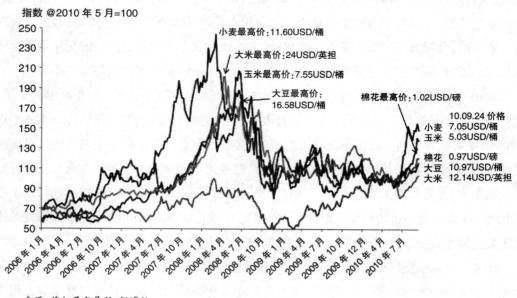

来源：芝加哥交易所/彭博社

图 1.2　2006 年 1 月以来大宗商品价格的演变

本节讲述了水和农业的关系是如何渗透到相互关联的全球经济体系中，以及天气和水是如何影响区域农作物价格，进而迅速蔓延，对全球经济造成影响。

1.3 预测

到 2025 年，发展中国家的用水总量预计比 1995 年增加 27%。灌溉用水作为增加的一部分，增量更少(大部分的增量来源于能源和工业的快速发展)。按目前趋势，发展中国家的灌溉用水将增加约 12%，而发达国家减少约 1.5%。

主要发展中国家(包括印度和中国)的粮食增产仍将依靠不可持续的地下水。降雨可以补充地下水，但这不是长久之计，特别是气候的变化无常，导致供水保证率降低。

到 2025 年，由于地下水的枯竭，发展中国家的农业灌溉供水可靠性指数将可能降低 10%，由 1995 年的 0.81 下降至 0.75；而且，印度高达 1/4 的粮食作物将面临威胁。地下水枯竭将带来连续不断的问题，如海水入侵、地面沉降和污染。到 2025 年，全球粮食作物损失巨大，将占粮食总消费的 30%，相当于印度和美国的总消耗量，与此同时，全球粮食需求预计增长 42%，这两大趋势可能导致重大的食物短缺，加大全球农业大宗商品市场的不确定性和价格波动，一系列的市场反应可能接踵而来。

联合国水资源开发与管理、食品与农业组织(罗马)主席 Pasquale Steduto 说过，"生态系统非常依赖于淡水资源，水资源短缺的最初迹象表现为生态系统的退化，而第二个迹象才来自农业方面。"目前，40%~50%的农作物损失是由于传统供应链中不对食物进行包装，通过建设更现代化的供应链，这个损失可以降至 3%以下。随着经济的增长，发展中国家将会出现更多的中产阶级，他们会浪费更多的食物，类似于目前发达国家的所作所为(33%的食物被浪费了)。

1.4 启示

农业依然是大多数发展中国家的经济命脉，特别是在撒哈拉以南的非洲，务农人口占劳动力的 70%，第一产业占 GDP 的比例高达 33%。联合国开发计划署担心，按照这种趋势继续下去，到 2025 年，1/3 的世界人口将受到水资源短缺的影响。

另一方面，政府将越来越依赖农产品贸易。到 2030 年，由于国内水资源无法满足粮食生产需求，近 55%的世界人口将依赖于食物进口。事实证明，政府依靠的国际贸易体系仅仅是为了获取食物，至少短期内如此，这将在本书贸易章节中进一步阐述。

到 2030 年，除非在农业节水技术和用水管理上有根本改进，否则，水资源将无法满足人类的粮食生产需求。当仔细考虑环境变化、粮食短缺和供应失衡引起的市场反应，以及其对经济和政治产生的影响，政府必须做出决定，以改变传统农业用水方式。

水资源短缺带来的经济影响快速而久远，而政治影响可能是循序渐进的也可能是局部的。从历史上看，政府在应对农业水资源短缺方面的意识薄弱。由于水贸易的虚拟性，加上经济上的无形和政治上的不作为，目前确实还没出现明显的危机，世界自然基金将水资源短缺描述为"看不见的大事"。

目前，世界上已有近十亿人正遭受着饥饿和营养不良，我们现有的粮食和农业体系，似乎还没准备好去迎接未来 20 年的巨大挑战。

1.5　展望

我们的目标只有一个：使用更少的水以获取更多食物。我们必须建立农民激励机制，正如瑞士 Syngenta 公司的首席执行官 Michael Mack 所说，"每个人的决定，都将影响未来，淡水资源是有限的，我们必须认真对待！食品安全需要土地和水资源的高效利用，需要农产品的自由贸易，更好的共享水资源；农民需要激励来提高用水效率，需要技术来提高生产力。"

为了提高农业用水效率，现代农业技术是重要手段。为了应对水资源和气候风险，农民和大型跨国企业一直都在尝试研发农作物育种、保护和增产技术。未来五年内，许多资源节约型种植技术将有所突破，且大部分有望商业化。这些突破将提高农作物产量，或者使其能够在缺水地区生长（如玉米）。

在许多发展中国家，现代农业技术可以带来效率的指数增长，例如巴西，大豆单位面积产量在过去十年里翻了一倍。一场绿色革命在开始时，往往面临增产和节水双重挑战。为了满足未来的粮食需求，"绿色革命"是 21 世纪农业所必需的。通过改革，新技术可以优化利用每一滴水，充分利用水资源。

农业新技术并不是一成不变的工具。走在前沿的农业技术创新公司，针对不同区域、作物和农民需求，定制解决方案，精准提高水资源利用率。通过现代育种技术和转基因技术减少用水，应用新技术抵御干旱和高温。这些技术不仅可以帮助农民对作物、土壤、气候、土地和区域进行分类管理，还可以提高水的生产力，优化产品结构。

改进传统的水稻种植方法，如洪水稻，可以大大减少用水量。然而，改变种植方法往往需要使用多种现代工具，包括农作物保护和增强技术、新品种研发，相关的培训和配套支持等。

通过农作物育种、保护和增产技术，可以帮助农民在水资源短缺时，种植出健康而强大的农作物。除草剂取代了古老的耕作技术——犁地,推广了免耕农业,以保持土壤结构完整,减少地表径流损失,便于储存更多的水。农作物增产剂,如植物生长调节剂,与其他通过减少叶子表面蒸发来减少用水的技术不同,它通过扩大根系减少用水量,并能生长出健壮而高产的作物。

大量的实验工作表明,灌溉效率的提高需要通过现代技术来实现。采用精确而有效的方式直接输水给植物,可以大大减少农业用水。现代灌溉技术不仅提高了用水效率,减少了径流损失,它还在输水的同时输送对农作物增产具有重要作用的化肥、增产剂和保护剂。

利用上述技术,定制满足当地条件、作物,特别是农民需求的方案,可以优化生产结构,并使农业用水效率最大化。这样一来,农民不仅可以生产更多的食物,而且能够更加有效地管理土地,减少雨水径流、土壤侵蚀和高温的影响,以及洪水和荒漠化。

从道德和政治的角度出发,"转基因生物"仍备受争议。然而,随着气候变化的加剧,水和粮食安全问题的升级,这些转基因作物的价值和生产必要性将再次引起人们的关注。现代农业技术,在应对未来"水—食物—能源—气候"挑战时,可能是一个关键角色。

政策改革同技术部署同等重要,我们需要建立激励机制以让农民接受"绿色革命",农业技术、水权改革和价格激励机制是农业改革的核心。目前,农业用水一般是低价的、免费的,甚至有直接或间接的补贴,导致农业用水浪费。

假如在未来几十年里,农业用水管理仍像过去那样效率低下,无法根本改进,农业水权和水价改革,是必需探索和延续的改革工具之一。水资源管理激励机制可以充分发挥水的潜在价值,比如在澳大利亚 Murray-Darling 流域,AAA 等级的水可以被用来创造更高的价值,而那些放弃高等级水的用户同样受益,这是一个双赢的局面。同样,在以色列,通过激励措施,鼓励农民利用能够安全和有效用于农业生产的污水。在这方面,以色列已经世界领先,政府严格控制农业用水量,要求农民利用处理后的污水进行灌溉。限制灌溉用水的激励措施同样值得推广,比如非充分灌溉,就是仅在关键时期灌溉作物。历史上,也有类似的成功案例,其中一个就是拥有 4500 年历史的阿曼 Aflaj 灌溉体系。在这个体系中,农民之间建立了高效而又可持续的农业灌溉系统,以便交易水权。

没有一个政府和企业能够独自完成农业技术革新和农业水资源管理体系改革的重大任务。未来 20 年的预测即使只有一半是准确的,实质性改革也势在必行。那么,如何开始呢?通过政府主导,私营企业、农民、非政府组织、专家和利益相关者协作,开启改革之旅。公私合作经营,传播先进知识,加大资金投入,建设基础设施,都是必要的举措。

改革的一个关键要素,是创新水和农业的关系。政府、农民、非政府组织、国内外企业、发展机构和国际金融机构,都需要协同作战来应对水和农业的挑战。通过研发、融资和创新促使技术实现和政策出台,促进粮食增产和环境改善。这样的计划和创新不仅需要农业技术，还需要小额信贷、信用贷款和金融风险管理，如保险。

美国和意大利的实践研究表明，农业创新和技术突破能够影响国内乃至全球的农产品价格。取消影响全球粮食生产的政策和贸易壁垒之后，经过一段时间，农作物生产可以向最优的方向发展。公私联盟能够发挥指导的作用，并促使个人、社区和政府改变水资源利用方式。

如果这是一个理想的解决方案，回到《食物之水、生命之水：农业用水管理的综合评估》一书：我们如何开启农业用水改革之旅？农业用水改革至关重要，但不能都遵循一个模式。由于其特殊性，需根据当地的制度和政治背景，通过讨论来制定改革措施。政府是关键决策者，但社会公民和民间团体同样重要，因此，多方会谈必不可少。在政府的支持下，根据区域的特点建立新的公私联盟体制，并与农民并肩作战，改革才可能发生。上述说明了如何开启迫在眉睫的"绿色革命"。

1.6　观点

以下列举了当前关于水与农业之间关系的各种观点，详细论述了本章涉及的主题。以下观点并不一定代表世界经济论坛的意见，也不一定代表其他参与的个人、公司或机构的意见。

● Pasquale Steduto，联合国水资源开发与管理、食品与农业组织(罗马)主席，全球水安全委员会议员，提醒我们，在接下来 20 年，如果出现粮食安全问题，那么农业将面临的诸多挑战。

● Juan Gonzalez–Valero，Syngenta 公司公关部主管；法勒·贾文 (Peleg Chevion)，Syngenta 公司水业务部主管；他们关注的是提高农业用水效率的相关技术和制度：现代育种技术，农业输水改善技术，免耕技术，作物收割后的保护措施等。

● Daniel Bena，PepsiCo，公司可持续发展部总监，在 Pepsi 可乐广告中展示了一种先进的水稻播种技术，这项技术帮助印度节省了大量水资源。

● Ajay Vashee，国际农业生产联合会成员，提醒我们，农民是这场革命的核心。新技术的使用和水资源管理水平的提升，农民的具体需求是什么?以及水资源改革的必要条件是什么? 对于农民来说，公平的水权改革是水资源综合管理系统的要素之一。

● Mohammad Jaafar，科威特丹麦 Dairy 公司董事长兼总经理，讲述了阿拉伯海湾地区水和食物所面临的挑战。

● Peter Brabeck–Letmathe，Nestlé 公司董事长，关注农民激励机制，把我们的注意力吸引到了古代水权制度上，即上面提到的阿曼 Aflaj 灌溉体系。结合历史经验，他建议采用灵活的、有针对性的水资源管理体系,并在局部地区先期试点。

未来的粮食安全保障,对土地和水资源增长提出要求

Pasquale Steduto,联合国水资源开发与管理、食品与农业组织(罗马)主席:

面对粮食安全的挑战,首先必须清楚粮食需求在未来40年里将如何改变,将在哪些方面改变。到2050年,全球人口将会膨胀至90亿,且大部分的增长来源于发展中国家的城市,其收入水平也会相应提高,如图1.3所示。

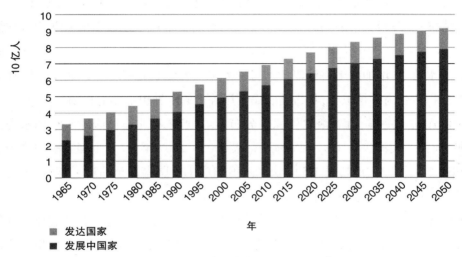

图1.3 世界人口变化(1965—2050年)

(数据来源:联合国人口署、经济和社会事务署,修正后2008年)

全球人口从60亿增加到90亿,对食物的需求将增加70%,谷物年产量必须从21亿t增加到30亿 t,肉类年产量必须从2.0亿 t增加到4.7亿 t。然而,这些预测数据实际上是保守的,只是代表能够满足人类基本需求的农产品量,还不包括输送的损耗和生物燃料的消耗,以及气候变化带来的影响。

所以,Malthus的观点是正确的?为了保障日益增多的人类有一个健康和快乐的生活,世界农业用地和用水难道要突破它的极限?让我们剖析这个问题,来化解每一个潜在的危机。

耕地需要扩大多少?

理论上,全球有42亿 hm土地可用于耕作,目前只开发了1/3,还有很多未开发土地可转化为耕地。然而,事实上,剩余土地转换为耕地是有限的,许多未开发土地发挥了重要的生态作用,如果被开发,将会带来更大的风险,而且,一半以上未开发的土地集中在七个国家(巴西、刚果(金)、安哥拉、苏丹、阿根廷、哥伦比亚和玻利维亚)。另一方面,南亚、近东和北非地区,几乎没有可利用的土地用于农业扩张。人类居住用地和城市用地的扩张,将占用更多耕地来兴建房屋、商场、公寓、道路和停车场,而剩余的边缘土地,仅能种植少量农作物。随着发展中国家的耕地增多,发达国家的耕地将减少。总体而言,到 2050 年,世界耕地面积需要增加 5%,即 7000 万 hm。

农业还将需要多少水资源?

在发展中国家,由于水资源没有重复利用,未来可能需增加 14% 的灌溉用水,即 3000 亿 m^3 水。在发达国家,耕地面积缩小 2%,将减少农业用水 120 亿 m^3。到 2050 年,假设农业用水需求还没超过可利用水资源总量,全球仍将需要增加 11% 以上的农业用水才能满足需求。

提高用水效率,增加的 11% 灌溉用水可扩大 17% 的灌溉面积。改变种植方式,比如中国将种植水稻转变为种植玉米,将帮助农民利用等量的水种植更多的作物。

像可利用耕地一样,世界淡水资源也分布不均,近东和北非地区约 58% 的水资源被用于灌溉,而拉丁美洲仅为 1%。数据显示,从 2005—2007 年,有 8 个国家的灌溉用水占该国可利用水资源的比例超过 1/5 的缺水阈值,有 11 个国家甚至超过了 40%,这是一种危险的信号,到 2050 年,情况还会更糟。

灌溉土地正在不断地迅速扩大,尤其是在发展中国家,好在这一扩大速度正开始下降。到 2050 年,约 60% 的潜在灌溉土地将被开发,其中发展中国家灌溉土地将占全球的 3/4。发达国家灌溉土地的增速在 20 世纪 70 年代达到峰值 3%,80 年代跌至 1.1%,到 90 年代只有 0.2%。

土地和水是未来食物增长的唯一来源吗?

农业生产力提高需要综合考虑各要素(如提高粮食产量、扩大耕地面积和增加作物抗性)。在发展中国家,粮食增产中的 80% 是通过增加 17% 的耕地面积、提高作物产量和抗性来实现的。

在土地稀缺的南亚,耕种集约化程度将增加 95%;在淡水缺乏的北非,作物种植强度将加倍。撒哈拉以南非洲和拉丁美洲,将继续扩大耕地用于农业生产,并将在全球粮食安全中发挥更大的作用。

农作物的高度集约化将越来越依赖于灌溉,增产将依靠技术,而由于产品的多样化,国家之间的贸易强度将加大。在接下来的 40 年里,考虑生物燃料扩张和气候变化两个确定因素后,发展中国家的谷物净进口将增加一倍以上,达到 3 亿 t,而发达国家将进口植物油和糖等商品。

进一步分析

大多数低收入国家通常会忽视农业领域 30%~75% 的投资回报率。在这些地区，由于缺乏经济来源和有效的社会保障体系，饥饿现象仍然存在。经济增长本身，并不能消除饥饿和营养不良，只有食物能够做到。粮食安全需要一个公平的贸易体系，以便为发展中国家农民提供更多支持并创造更大的市场。

通过建立有效的制度，我们可以确保重要决策能够制定并有效实施，以便所有农民都享有平等的机会。

针对水资源短缺：农业提供了解决方案

Juan Gonzalez-Valero，Syngenta 公司公关部主管；Peleg Chevion，Syngenta 公司水业务部主管：

针对不断增长的人口，实现粮食安全，水资源是最大的限制性因素。农业已经使用了大约 70% 的淡水资源，到 2050 年，我们将需要两倍的农产品来满足 90 亿人的需求。按照当前的水资源管理体系，我们将需要两倍的水量来养活这个世界。

随着城市化、工业化和经济的发展，人们的饮食习惯转向用水量更大的食物，如肉类。我们需要采取更好的水资源管理策略，来缩小甚至消除这种供需失衡。

采取有效措施应对粮食安全挑战，刻不容缓。假如我们希望既不耗尽有限资源又能养活人类，就必须解决好下面这三个关键问题：①我们需要挖掘植物潜能，提高作物生产率和用水效率；②我们需要减少农场的降雨损失和灌溉用水损失；③我们需要减少食物链中的水资源浪费。

目前，采用一定技术措施，可低成本地持续缓解缺水状况。农业领域节省下来的水可以用于其他领域，意义重大。

农业是解决方案的一部分

我们必须重视农业水资源管理的重要意义。只有针对不同农民定制解决方案，才能确保粮食安全，并且保护环境。

基于上述三个关键问题，农业领域创造了一套"农民工具包"。首先，通过现代育种和生物技术可以获取更好的种子，在保证产量的同时提高作物耐高温、耐干旱特性。例如，Syngenta 公司已经培育出一种新的玉米种子，它能够高效地吸收水分，在缺水地区也能实行高产。这种玉米，不仅可以减少农业灌溉用水，还为应对干旱提供了一个重要保障。作物保护剂和生长调节剂同样能够帮助作物应对干旱，高效利用水资源。有些矮小但健壮、根系发达的作物,能够减少叶子表面水分损失,在缺水情况下也能保证产量。

其次,减少农业用水损失要求全面改造灌溉系统,并推广免耕技术。低效灌溉浪费了约40%的灌溉用水,如漫灌。高效的灌溉系统可以同时输送农作物保护剂和增产剂("化学灌溉"),在节水和提高产量方面潜力巨大。

最后,在存储、运输、加工和包装过程中浪费的粮食,约占总浪费量的40%,另一部分浪费发生在消费者、食品公司和零售商方面。我们需要加强相关基础设施建设,特别是在一些发展中国家,贫穷的农民不得不依赖低效的收割、存储和运输设施。为解决粮食损失问题,需要不同政策组合:实行科学的生产保障措施,扩大粮食运输、存储、加工和包装技术上的投资,加强食品加工企业和超市的监管,呼吁公众减少食物浪费。

水安全关系到每个人。绘制粮食安全和水资源可持续发展蓝图,需要政府、企业、非政府组织和人道主义组织的共同努力。公私协作和跨行业经营可以优化水资源配置,扩大节水技术和基础设施投资,建立激励机制减少食物链中的浪费。

应对水、食物和气候安全挑战:一种新颖的水稻直播技术

Daniel Bena,美国 PepsiCo 公司可持续发展部总监:

在印度,85%的淡水用于农业,15%用于工业和生活。其中,约50%的农业用水用于水稻种植,而印度的农业用水效率低于其他主要农业国家。农业是印度经济的支柱产业,60%以上人口的生计依赖于农业。

为了实现农业可持续发展和农民增收的承诺,PepsiCo 公司研发了一项新的技术:水稻直播技术(DSR)。水稻直播技术相比传统耕地方式大约能节省30%的水(约90万升/英亩)。如果印度25%的水稻采用直播技术,节约下来的水等于印度的工业用水总量。

传统的水稻种植方式是水稻在小苗圃里播种,种子发芽形成小秧苗,然后将小秧苗手动移植在稻田里,在开始的4~6周,为了防止杂草生长,必须保持水田有2~3英寸的水深。而水稻直播技术,利用 PepsiCo 公司研发的直播机将种子直接种植在稻田里,不再需要稻田保持积水。

水稻直播技术避免了三项基本操作:①耕地(一般用于漫灌中能够紧实土壤并减少渗流);②手动移植;③常年积水(水源性疾病的载体,如疟疾)。

随着农民开始认识到水稻直播技术的巨大优势,这一创新技术在印度迅速推广。2009年,在印度五个州,PepsiCo 公司根据不同的气候和土壤条件选择不同的水稻品种,在超过6500英亩的水稻田实施了直播技术。

水稻直播技术的优势还包括:

● 节水力度超过90万升/英亩;

- 节能 30%,因为用水量少,水泵抽水所需能源减少;

- 劳动力节省 53%,因为不再需要人工移植;

- 温室气体排放减少 75%,由于稻田不需积水,即没有生物淹没在水田里,因此很少甚至没有甲烷排放;

- 由于劳动力和能源消耗的减少,耕作单价减少 30 美元/英亩;

- 随着农作物产量提高,农业生产力也提高了(目前正在收集更多的数据以便更好地量化这种优势);

- 改善土壤质量,避免耕地导致土壤密实度降低。

农民面临的水资源挑战

Ajay Vashee,国际农业生产联合会成员:

农业带来的产品是多样的,包括食物、饲料、燃料和纤维等,而这一切与水资源密切相关。然而,目前可利用的淡水资源正在下降,特别是在气候变化条件下,形势更加严峻。

到 2050 年,为了养活新增的 27 亿人口,农民是水资源短缺的第一个受害者。粮食的低产和高价将使数百万人陷入饥饿和贫困。在农产品方面,既要维持环境友好还要持续增长产量,这对农民乃至整个国际社会都是一个巨大挑战。为应对这一挑战,农民应该被视为重要盟友。当务之急是加大农业投资,促进农民参与水资源管理。

农民在水资源管理方面的需求主要有以下方面:

- 粮食和能源安全,需要适应气候变化和水资源短缺。

- 气候变化影响粮食生产,进而导致食品价格上涨,尤其是在干旱地区,如 2008 年和 2010 年夏天,干旱导致农产品价格大幅上涨。

- 自然资源(水、土地、生物)可持续综合管理办法:通过项目实施增强农民的适应性和韧性,提高农民应对气候变化的能力;采取更好的风险管控措施,完善涵盖食物、能源和政策的水资源管理体系。

- 研究水—食物—能源—气候的关系:为了更好地理解这层关系,需要对所有的管理者及利益相关者(包括农民)开展更多研究,其中农业是这个复杂关系的核心。

- 提高单位面积农作物产量:在节约水和土地资源的同时,提高单位面积农作物产量至关重要。

- 生物能源对于农村发展和农民收入的影响:生物能源与自然资源和水资源的保护息息相关,需要开展更多的研究来揭示它对农村发展和农民收入的影响。

- 灌溉设施和技术转让:灌溉技术应能高效和精确地利用水资源,提高产量,同时又能降低用水量。推动灌溉技术转让与实际应用至关重要,需要扩大技术投资,并吸引农民积极参与。

● 挖掘雨养农业潜力：改善雨水收集和存储能力，提高雨养农业地区的农作物产量，改善小农和贫民的生计。

● 农民应对极端天气的风险防控措施：国家风险管理和预防措施，对于农民应对极端天气和病虫害，避免重大损失，具有重要作用。

● 提升农场适应气候变化的能力：农民通过提高用水效率，充分利用相关基础设施应对气候变化，包括干旱和洪水。

● 农民组织能力建设：在农民组织的帮助下，通过互访交流，推广好的经验做法和新的农业技术。在后续研究中，应重视农民组织的作用。

● 对保护生态系统的农民给予奖励：通过激励措施支持农民采用环境友好型农作物。项目管理人员可以采取必要的激励措施，鼓励在改善水质和提高用水效率方面发挥积极作用的农民。

在水资源综合管理方面，有哪些政策措施需要农民参与？帮助农民树立水资源综合管理意识，特别是承担关键角色的女性，包括：

● 多用途和多功能的农业用水服务设施，包括控制水量、水质和侵蚀的基础设施；

● 从按供转向按需供水，这种转变使农民从对社会和环境负责的角度出发，在水资源利用和管理方面，变得更有责任心，更有长远眼光；

● 通过构建有效的水权制度和用水计划，以平衡不同用水群体之间的关系，确保农村地区的用水需求，并通过发展农业，解决农村的贫困问题。

农民与政府部门，应该通过协商来制定水资源管理政策。综合考虑支付能力等一系列因素后，农民应该是水权改革的受益者。通过政策制定，从提高收益率和用水效率出发，采用混合种植以适应水资源保护的需要，实现合理用水。

农民需要资金来进行农业生产和技术开发。这对保障粮食安全又保护环境来说至关重要，其中公平的水权制度是前提。为了协调好贸易、市场、水资源管理、环境保护和粮食安全之间的关系，必须采用全球视角来解决问题。

阿拉伯海湾的用水挑战

Mohammad Jaafar，科威特丹麦 Dairy 公司董事长兼总经理：

海湾合作国家(GCC)不够重视全球环境问题，一个碳排放大国，在面对全球环境问题上，该做些什么呢？

科威特丹麦 Dairy 公司(KDD)是一个总部设在科威特发展迅速的食品公司。科威特是世界上人均可利用水资源量最少的国家，科威特人一直把水视作宝贵资产，而世界上大部分国家现在才意识到这一点。当人均可利用水资源量低于 $1500m^3$/年时,这个国家将开始进口食品。科威特国家的自然可利用水资源量仅为 $10m^3$/年·人,加上海水淡化的量,其值也仅为 $306m^3$/年·人。

根据世界银行 2007 年的数据,按目前趋势发展,到 2050 年,中东和北非地区的人均可利用水资源量还将降低一半。2010 年,21 个国家低于缺水临界值,到 2030 年,还有超过 14 个国家将加入这个行列。由于国内水资源不足,一半以上的世界人口将依赖粮食进口。

资源为我们带来繁荣,但我们不能忽视水资源问题。然而,当今世界的人类,无视有限的自然资源,在使用生物燃料解决碳排放问题时,忽略了水资源问题,从而加大了粮食生产用水压力。

最近,原材料价格的波动对采购企业影响巨大。地下水是科威特的主要水源,给当地提供了部分饮用水和全部农业用水,然而,地下水资源是有限的,且石油勘探和垃圾填埋还会污染地下水。在 1991 年海湾战争结束时,当地地下水受到了石油大火的严重污染,几乎所有的生活和工业用水必须通过海水淡化获取。海水淡化这种方式不仅成本昂贵且污染环境。在沿海地区,如果有大量的政府补贴,海水淡化可用于种植经济价值高的作物,但对于常规农业,这种方式并不划算。

科威特的农产品十分有限,一般采用海洋种植和水培种植,没有大规模的粮食耕种。脏废水将是最后的水源,也是唯一的可利用水。科威特苏莱比亚市的污水处理厂是世界上最大的污水处理厂,处理后的水可用于农业和补充地下水。由于地下水消耗太大,沙特阿拉伯最近被迫放弃小麦种植项目。在沙漠中种植小麦是不可行的,但沙特阿拉伯仍经营着世界最大的乳制品农场,这还能持续发展下去吗?

奶粉是科威特丹麦 Dairy 公司(KDD)的乳制品之一,乳制品中的"嵌入水"通常来自其他水源。科威特认为,"嵌入水"对当地沙漠生态系统具有重要价值,农业、渔业和地下水管理中需要特别关注"嵌入水"。对于中东,农业外包是大规模农业发展的必由之路,可以保障粮食安全,同时为农业投资严重不足的地区提供资金支持,这是一个共赢的局面。

不管是海湾国家还是其他地区,需要关注水资源短缺问题。在这方面,我们需要持续的宣传教育,同样,工业也更加需要节水。作为负责任的公民,我们都应该参与缺水风险防控。

在投资时,我们必须综合考虑水安全、监管、供应链以及管理体制运行情况。每个地区都有不同的需求,其中,好的经验可以在全球推广。其他地区,像海湾国家,需将水资源问题提上政治议题,在工业、政府和研究机构三者之间寻求更多对话,三方共同努力找到最佳解决方案。

水资源保护和管理工作需要强有力的机构来推进。从学校开始,我们就需要开展大量的强化教育工作。在这方面,企业和政府的角色同等重要。公共卫生教育可以帮助我们改善身心健康,提高节水意识,了解到进口食物中(如肉制品)的"嵌入水"。

我们有各种水资源可持续的管理工具:水补偿交易、公平的"水管理"制度、"虚拟水"或"嵌入水"监测工具、水足迹和水污染补偿机制。这些工具的优势是:节省直接成本和间接成本、降低未来成本和风险、提高利益相关者的认识、符合消费者偏好、先发优势,等等。

未来几十年,水价改革将给政府带来一些政治挑战,目前,大多数国家仍在回避这个问题。不同地区的定价方式将有所不同,如果没有定价,其他政策也将难以实现。在石油补贴远高于水资源补贴的地区,水价改革政策的出台存在一定难度。在一些地区,水价政策和相关税收机制已成功运行;在贫困的农村地区,水权交易也已经开始实行。然而,我们迫切需要的是一个全球化的水资源组织来促成此事。

无价的水和阿曼古老的选择

Peter Brabeck-Letmathe,Nestlé 公司董事长:

坦率地讲,水没有价格,或它的价格远低于它的价值。

4500 年来,在一片炎热而干旱的沙漠上,建立了阿曼 Aflaj 灌溉体系,利用不断运行的水权交易制度,来统筹淡水供应和灌溉用水。得益于可交易的水权,农民建立了自己的灌溉系统,从 20m 深的地下或山谷溪流开始,他们建设的输水线路长达 17km,并已收回投资。这些水资源同时供给农业和生活。灌溉网络由其组成个体(即个人)进行维护,跟世界其他地区的灌溉系统相比,这显然是超乎寻常的。对于其他地区,仅仅开展了第一步——基础设施投资成本的回收。

水到达村庄后,每个人(村民、客人、旅行者)都能免费饮用;水输送至清真寺,将免费用于洗礼,多余的水将用来销售,用于维持清真寺和学校的运行。在灌溉用水方面,水权按时间划分为天、小时和分钟的使用权。水是私有财产,水权可以继承和交易。在拍卖行,水权可以进行买卖或租赁,如果一个农民暂时不需要水,他可以将水出租给另一个种植更多土地且需要用水的农民;如果一个农民想建立更高效的灌溉系统,他可以通过出售一些永久水权来融资。从而,水有了市场,且它的价格由农民制定。由于交易发生在农民之间,并没有增加额外的财政负担。

阿曼 Aflaj 灌溉体系的水价也是波动的,他们根据一年中不同的时节(即温度和作物生长不同)、特殊年份和不同流域,价格从 5 美分/m³ 到 22 美分/m³ 不等。在日本和韩国,有一个价格补偿机制,即农民在特定的时间用水有补偿,这将产生积极的外部效应,比如减轻洪水。水资源的使用方式是复杂的,因此不能对价格进行集中管理。相反,它需要像阿曼农民那样建立一些市场机制。

第 2 章

能　源

本章将探讨水与能源的关系。在过去 3 年中，许多公共机构、私营机构、学术和非政府组织，以及水资源倡议论坛委员会成员等代表参加了水资源相关的各种论坛和研讨会。本章的观点主要来源于这些代表的论述，特别是 2009 年世界经济论坛与剑桥能源咨询公司(IHS CERA)共同做出的题为《渴望能源：21 世纪的水和能源》的报告。本章末尾，还列出了一些关于"水和能源"的个人观点。

2.1　背景

中世纪以来，人们利用水车替代人类或动物提供机械动力，美国的第一个油井曾经是用来取水的，水和能源之间如此密切的联系可能出乎我们的意料。时至今日，水和能源之间的关系已经有了新的变化，越来越多的人担心水和能源之间的矛盾，本章将着重阐述这个问题。目前，能源产业消耗的淡水约占全球淡水总用量的 8%，发达国家的比例达到了 40%。水和能源的联系主要体现在两个方面：能源生产需要水、供水与废水处理需要能源提供动力。

在讨论能源如何用水之前，需要厘清取水量和耗水量之间的区别。取水量是从水源中汲取的总水量，而耗水量是使用后无法再回到水源中的水量。许多发电厂用水冷却，然后又回到水体，其取水量远大于耗水量，在美国两者之间相差 25 倍。发电厂的平稳运行依赖足够的水，而其所汲取的水资源，有一部分无法回到生态系统中，而且，许多国家对回水的质量有严格的限制。

2.2　趋势

水在能源产业链中的角色，取决于能源类型。能源产业链分三个阶段：原材料，原材料转变为可利用能源，交付给消费者。在某些情况下，原材料生产阶段用水最多，而转换阶段主要利用原水，一般情况下交付阶段用水都是最少的。

用于生产天然气和液体燃料的水

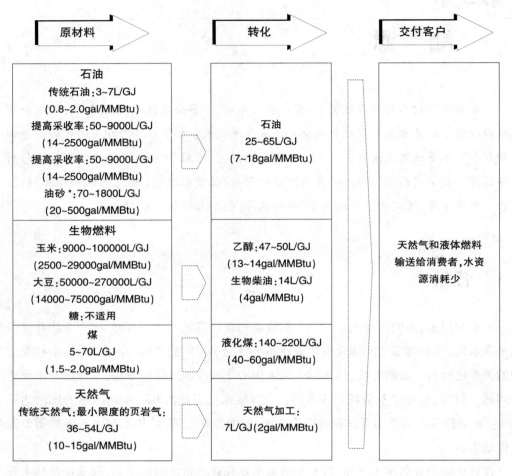

来源：改编自美国能源部，能源对水资源的需求。
提交给国会的关于能源和水相互关系的报告，2006 年 12 月(标记的内容除外)
* 土木工程研究协会预测
注释：MMBtu=百万英镑单位；GJ=10⁹ 焦

图 2.1   天然气和液体燃料产业链中的耗水量

图 2.1 描述了天然气和液体燃料的产业链中每个阶段消耗(无法回收)的水量，包括液体燃料的运输。对于大多数能源，在原材料阶段消耗了大部分水。

举个例子，生产传统石油耗水量为 3~7L/GJ，精炼石油耗水量为 25~65L/GJ，因此，成品汽油耗水量为 28~82L/GJ。由于 1L 汽油含有 0.034GJ 能量，每升传统石油生产的耗水量为 1~3L。据此类推，采用油砂生产 1L 汽油，耗水量为 3~55L。

更多有关天然气和液体燃料在产业链中的用水情况，可以在世界经济论坛和HISCERA 的《渴望能源：21 世纪的水和能源》报告中找到。图 2.1 所表达的信息主要包括以下几点：

● 用于生产传统石油和天然气的最小耗水量为 3~7L/GJ。事实上，石油和天然气的生产过程中也会产生地下水，虽然水质参差不齐，但绝大多数是咸水。随着矿井的挖深，地下水抽取量增加，可能达到产油量的 40 倍。为了提高石油采收率(EOR)，75% 的水又会被重新注入油井，再次抽取的水将变成咸水或者含有重金属和其他污染物，很难再次利用。

● 提高石油采收率和非常规石油资源的开采率，将需要巨大的水资源 (20~9000L/GJ)。EOR 技术要求向矿井注水或气体，以保持矿井内压力。通常情况下，和油一同抽取的地下水，会被重新注入以提高采收率，但在某些地区，这种方式抽取的水无法再利用，特别是以蒸汽注入的方式，必须找到一个新的水源。

● 油砂生产耗水量巨大，达 70~1800L/GJ。为使油砂和表面油膜分离，需使用蒸汽将沥青从黏土和沙子表面剥离出来。当油砂在地下生产时，蒸汽被泵输送到地下以剥离沥青，并使剥离的沥青在蒸汽作用下，输送到地面。无论哪个过程，都需要优质的水源。

● 不管是传统原料还是非传统原料，根据提炼工艺及其复杂程度，石油提炼还需耗水 25~65L/GJ。炼油厂内水资源主要用于工艺冷，冷却后产生的污水，含有石油、悬浮物、氨、硫化物和铬等污染物。这些污水经过初步处理后，根据处理程度，排入下水道或直接排到地表水中。

● 传统天然气产气过程耗水量最少，而非常规天然气耗水量较大，为 36~56L/GJ。目前，大部分的天然气资源储存在致密的地层里，是"非常规"的，包括页岩气或砂岩气。从这些地层产气，需要用水压裂地层，让气体流向矿井然后流出地面。随着矿井运营成熟，用水量可能会降低，一些较老的矿井会产生水而不是消耗水，图 2.1 中的估算数据指生产初始阶段的耗水情况。

● 将气体转化为消费者能使用的形式，所需的水量很少，为 7L/GJ。

● 根据原料、生长位置及生产方式不同，生物燃料原料的用水强度差异很大，灌溉作物比非灌溉作物的耗水量大得多，如图 2.1 所示。将谷物和油料作为生物燃料的原料，相比石油，谷物需要消耗更多的水(玉米为 9000~100000L/GJ，大豆为 50000~270000L/GJ)。甘蔗是一个例外，一般不用灌溉，而且，在糖分浓缩阶段反而需要干旱。第二代生物燃料原料，包括草和作物废料，相比之下可能耗水量更少，由于他们还没商业化，详细用水数据暂不可知。

● 随着能源需求的增长，生物燃料原料生产过程的水污染问题，与水资源消耗问题同样重要。农作物所施的化肥，流失后进入地表水体中，导致水体富营养化，从而导致藻类大量繁殖，水体供氧不足，水生生物大量死亡，致使墨西哥湾出现约 $22800km^2$（$8800km^2$）的"死区"。化肥中的硝酸盐流失后也可能影响人类健康，特别是在农村地区。由于硝酸盐限制人体血液携氧能力，用富含硝酸盐的水体制成的产品，婴儿食用后可能出现"蓝婴综合征"。

● 将原料转化为生物燃料也需要水，但比原料种植阶段少很多（转化为乙醇需 $47\sim50L/GJ$，生物柴油需 $14L/GJ$）。乙醇是谷物和水的混合物经生物发酵而来，未来的乙醇生产技术，将在水相中应用酶将纤维素转变为糖再发酵，可能使用更多的水。植物油与醇（通常是甲醇）反应，生产烷基酯或生物柴油，由于所涉及的化学反应不发生在水相中，耗水量少得多。

● 煤炭采矿用水取决于挖掘工艺，从 $5\sim70L/GJ$ 不等。例如，地下采矿中，需要用水冷却矿山机械的切割面，抑制煤尘，防止摩擦起火；而在露天采矿中，需要经常在道路上洒水抑制扬尘。为了减少燃烧后的灰尘和含硫量，增加煤的热值，还需对煤进行提纯，这将消耗更多的水。然而，煤炭开采过程中对水体造成的污染，才是主要问题。当含硫矿物暴露在空气中，从矿山和矿渣堆场中流出的水就变成了酸性。酸性水可溶解岩石和土壤中的一些金属，包括铅、锌、铜、砷和硒。这些金属进入水体，将影响整个流域，并且通过食物链被植物和动物所吸收。水污染是许多国家采煤区的共同问题，从美国到加拿大，以及从中国到澳大利亚。

● 将煤炭液化所需的水较多，从 $140\sim220L/GJ$。煤制油工厂用水形式主要有三种，其中主要是冷却用水。锅炉生产蒸汽和煤炭液化过程本身都需要水，而液化过程的用水量取决于工厂的工艺，在一些工厂，水与煤里的碳反应，生成一氧化碳和氢气。同时，洗涤器里洗除气体中的氨和氯化氢也需要水。

● 将天然气和液体燃料交付给客户，几乎不需要消耗水。

发电用水

图 2.2 描绘了电力产业链中的耗水量。与液体和气体燃料生产不同，电力行业大部分用水发生在转换阶段，其中主要用于热电厂的冷却。

水冷却，跟干式冷却一样，都可以在热电厂中使用。从冷却系统出来的水量很大，即使通过了一次冷凝器，出来的水温还是很高，可能对工厂附近的水生生物造成影响。循环系统通过冷却塔或水池降温，实现冷却水再循环。为了维持工厂运行，需要补充足够的水来弥补蒸发损失的水。由于循环系统内的水都蒸发掉了，收回的水量比单程系统收回的水量少了 95%，因此，循环系统消耗了更多的水。干式冷却系统依赖空气进行冷却，但由于空气的比热容远小于水，冷却效率较低，特别是在夏天。表 2.1 给出了热电厂单位兆瓦时能量的循环冷却系统用水量。

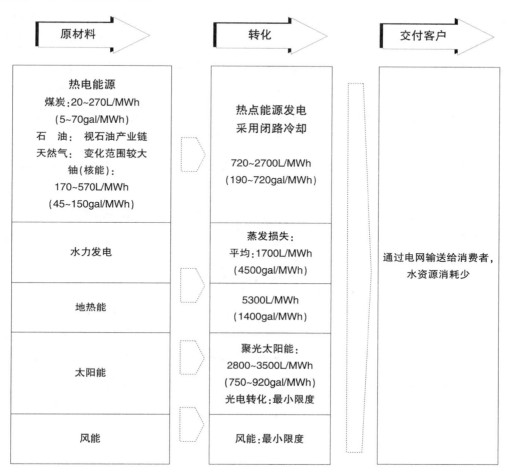

来源:改编自美国能源部,能源对水资源的需求。

提交给国会的关于能源和水相互关系的报告,2006 年 12 月

注释:MWh=兆瓦特·时

图 2.2 电力产业链中的耗水量

表 2.1 热电厂每生产单位能量的循环冷却系统用水量

热电厂发电方式	L/MWh	gal/MWh
核能	2700	720
低临界煤粉	2000	520
超临界煤粉	1700	450
集成气化联合循环,泥浆形式	1200	310
天然气联合循环	700	190

资料来源:美国能源部,国家能源技术实验室,2008 年 8 月

对不同的发电形式进行比较可知：用煤发电，在采矿阶段，生产单位兆瓦时(MWh)电量(1MWh=1000 度电)的用水量为 20~270L，而将煤转换为电能，还需水 1200~2000L，共需水 1220~2270L；相比而言，核能发电，在采铀和生产反应器燃料阶段，单位兆瓦时的用水量为 170~570L，将核能转换为电能，还需水 2700L，共需水 2870~3270L。

同样，更多关于电力产业链中如何用水的资料，可以在世界经济论坛和 HIS CERA 的《渴望能源：21 世纪的水和能源》报告中找到。图 2.2 所表达的信息主要包括以下几点：

● 可再生能源，包括水电、地热、太阳能和风能，在原材料阶段很少或不需要水。此外，风能和太阳能除了偶尔清洗涡轮叶片或太阳能电池需少量水，在发电过程中几乎不需要水。

● 在原材料转化为能源过程中，集中式太阳能需要相对较多的水，为 2800~3500L/MWh。

● 在核能生产过程中，采铀用水量跟采煤用水量相似，水质污染的问题也相似。铀矿石转化为反应堆成品燃料的过程涉及几个用水步骤，包括研磨、浓缩和制造，用水量高达 2000L/MWh，相比煤炭，在发电过程中消耗更多的水。

● 目前，水力发电占世界总发电量的 20%，其蒸发损失等效于 17000L/MWh。水库蓄水后，水域面积增大，蒸发量增大，水通过蒸发而消耗。水力发电用水量的估算依赖于建模而不是直接测量，所以估算难度较大。受水库表面积和当地气候的影响，水力发电的耗水量变化很大。相比湖泊型水库，径流式水电站没有形成表面积很大的水库，其蒸发量相对较小。

供水和污水处理服务的能源消耗

能源生产需要水，另一方面，在供水和废水处理系统中，也需要能源。图 2.3 展示了美国从源头引水、处理、输送到用户家里，以及污水处理等整个过程中能源的消耗。事实上，消耗能源的成本接近市政处理和输送成本的 80%。2005 年，美国市政和工业供水以及废水处理的电力消耗，大概是 180TWh(1TWh=10 亿 kWh)，超过总用电量的 3.5%，相当于美国所有冰箱的用电量。

由于水源位置的不同，供水所消耗的能量不同。由于水泵抽水，地下水相比地表水通常需增加 30% 的能耗，但优质的地下水，处理过程耗能较少。长距离输水或高海拔抽水，耗能非常大，例如，南加州的北水南调工程，跨越蒂哈查皮山需将水提升 610m(2000ft)，是世界上提升高度最大的水力系统，每提升 100 万 L 水约需 2400kWh(9200kWh/100 万 gal) 能量，将水输送到南加州用户家中所消耗的电量，相当于家庭总用电量的 1/3。同样，农业若采用长距离输水，成本将非常大。

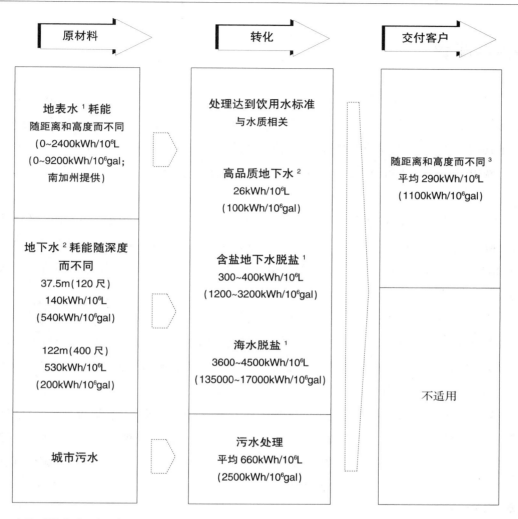

来源：剑桥能源研究协会。

1. 能源消耗：加州供水的隐藏成本。自然资源保护委员会和太平洋研究所，2004 年 8 月。

2. 水资源的能源需求，美国能源部提交给国会的关于能源和水相互关系的报告，2006 年 12 月。

3. 电力研究院：水和可持续性（卷 4），美国在未来半个世纪里供水和污水处理的能源消耗，2000 年。

注释：MWh＝兆瓦特·时

图 2.3　美国水行业产业链中的能源消耗

　　海水淡化是最耗能的供水方式之一，如图 2.3 所示。耗能量取决于海水的盐度。将含盐地下水转变为可饮用淡水所消耗的能量（200~1400kWh/100 万 L）小于海水淡化耗能（3600~4500kWh/100 万 L）。海水淡化过程中产生的浓盐水是海水淡化长期面临的污染问题。出水盐浓度往往是进水的两倍，并且含有高浓度的锰、铅和碘等其他成分，将其排入海洋是最常见且最经济的选择，但可能会对海洋环境造成影响。除此之外，还可以通过蒸发池和深井注入的方式处理浓盐水。

2.3　预测

根据 Nestlé 公司董事长 Peter Brabeck-Letmathe 所言，"按目前的形势和管理方式，水资源的耗尽将远早于燃料的耗尽"。一个快速发展、日益繁荣的城市，将需要更多的能源来满足其需求，这就要求提升生产力和提高能源使用效率。目前，在发展中国家，超过 30 亿人仍然通过烧柴取暖和做饭，15 亿人还用不上电。消除能源贫困是许多国家的一个发展重点。

国际能源机构（IEA）预测，到 2030 年世界能源需求至少增长 40%。McKinsey 公司估计，届时仍有 77% 的能源基础设施尚未建成，到 2030 年，中国将需要超过 13 亿千瓦的电力（相当于美国目前的 1.5 倍），印度则需要 4 亿千瓦（相当于目前日本、韩国和澳大利亚的总和）。

据 IEA 预测，从 2007—2030 年，增长的能源需求中超过 75% 需要通过化石燃料特别是煤炭来满足。到 2050 年，大气中碳的浓度可能达到 1000ppm，是目前国际谈判正在努力（正朝着失败迈进）实现目标的两倍以上。将煤炭转化为电力需要大量的水，由此产生的温室效应还将进一步加剧水资源短缺。

随着经济的增长，不同行业之间稀缺资源的争夺将会愈演愈烈，决策者也将难以权衡。在世界各地，区域经济增长最快的地方，其农业用水量已处高位，但是，从 2000—2030 年，能源和工业用水需求还将急剧增长（拉丁美洲为 56%、西亚为 63%、非洲为 65%、亚洲为 78%）。在美国，能源消耗占总淡水用量的 40%，据估算，到 2025 年，全球能源用水可能还要增加 165%。

当水和能源的关系联系起来后，我们需要更加努力才能应对能源挑战：未来 20 年，在减排和水资源高效利用的前提下，如何满足全球日益增长的能源需求？如果到 2030 年，能源结构依然以煤炭为主，那么煤炭发电的高耗水性需要特别关注。我们能够找到既低碳又低耗水的能源吗？

如上所述，不仅是煤炭发电要考虑既低碳又低耗水的问题，一些"清洁"能源也同样需要考虑。IEA 估计，到 2030 年，水电将作为全球主要可再生能源提供约 1100TWh（1.1 万亿 kWh）的电力，达到陆地风电的两倍以上。目前，约 1.7 亿 kW 装机的水电站正在建设，其中 77% 在亚洲（中国 55%，印度 9%，亚洲其他地区 13%）。然而，当考虑到每兆瓦时发电量需蒸发 17000L 水时，水电开发蒸发的水量也是空前的。

生物燃料作为另一种清洁能源，用水量也较大。前述数据表明，相比石油燃料，使用玉米或大豆生产生物燃料将使用更多的水。生物燃料作为化石燃料的替代品，正在快速增长。到 2030 年,IEA 预测,用于全球道路运输的燃料(每天消耗超过 320 万桶油),至少有 5%将由生物燃料替代。但是,生产这些生物燃料所消耗的水量,相当于全球农业用水总量的 20%~100%,这显然是一个不可行的替代方案。

2.4 启示

这些形势,让能源可持续发展这个问题复杂化。政府是否能够以减少水资源为代价来追求能源增长?或者应该找到既低碳又低耗水的折中办法?如果需要达到这个目标,我们该怎么做呢?

解决这个问题,需要在水资源和能源方面做出权衡。例如,相对其他可再生替代品,集中式太阳能热电厂需要消耗大量的水,如图 2.2 所示。最近《纽约时报》的一篇题为《替代能源由于高耗水性,蹒跚而行》的文章吸引了大家的注意。事实上,一座太阳能热电厂运行需要 49 亿 L 水资源。计划在美国加利福尼亚州和内华达州沙漠中新建的 35 座热电厂,目前正在尝试通过国家宏观调控获得他们所需的冷却水。集中式太阳能热电厂是否也应该同时制定一个水资源相关的规划?与低碳能源规划类似。2010 年 7 月,美国能源部在提交给国会的一份报告中,探讨了一些降低集中式太阳能热电厂耗水量的措施。

核电站也特别容易缺水。在美国东南部,为了避免热水对 Tennessee 河水生生物造成影响,田纳西流域管理局将 Browns Ferry 核电站三个反应堆中的一个关闭了几天。过去 50 年里,由于干旱和炎热,河流水位降低,核电厂出来的冷却水超出了允许的温度极限,不允许排放。2003 年,夏季的炎热使河流水位下降,导致法国一些核电厂反应堆无法运行。同时,空调普及导致能源需求暴涨,但由于缺乏冷却水,法国也不得不削减一半的电力出口以弥补水资源的亏空。随着气候变化,极端炎热天气事件发生的频率可能会越来越高,相关风险也将越来越大。

页岩气作为另一个潜在的清洁能源,同样对水资源有显著的影响,特别是在美国。页岩气的发展,提高了人们对水力压裂过程中水资源消耗的关注度。在压裂地层及产气过程中,水体可能遭受潜在污染。美国环保部正在研究水力压裂对饮用水源的影响,这项研究估计将花费 600 万美元,预计 2012 年完成。该项研究成果可以阐明页岩气开采对环境的影响,以及该如何控制水力压裂过程。这些例子中隐藏了能源和水的关系,随着能源需求的逐步上升,这些关系也将浮出水面。

在干旱条件下,如果河流水位过低,冷却水无法获取或者冷却水排放超过了允许的温度范围,可能不得不关闭发电厂或大比例削减发电量。但是,利用生物燃料发电来增强国家能源安全保障,将会过度依赖境内的水资源。当制定能源安全和应对气候变化政策时,充分考虑水资源显得极为重要。能源和水资源相互依存、紧密相连,美国能源部向国会的报告中提到,能源生产需要水资源的支持。随着经济社会发展,尤其对于快速增长的经济体,在面临能源供应、经济增长和低碳发展的多重挑战时,能源和水的关系将是决策者权衡的一个重要因素。

当然,这种关系也是双向的。图2.3不仅展示了能源对水安全的影响,还展示了水资源供应所需要的能源。到2030年,海水淡化所带来的问题也将显现出来。在世界范围内,52%的海水淡化厂在中东地区,主要在沙特阿拉伯(共30个海水淡化厂,满足了国内70%的用水需求),北美占16%,欧洲13%,亚洲12%,非洲4%,中美洲3%,澳大利亚0.3%。在这些地区,海水淡化厂规模预计将大幅度增长。《国际水务情报》中可见,从现在到2015年,全球海水淡化市场的年增长率约12%,后续还将加速增长,预计中国、印度、澳大利亚和美国的增速将超过20%。新建海水淡化工厂的总投资金额可能超过560亿美元。

然而,高耗水性(3600~4500kWh/100万L)仍是海水淡化发展的主要障碍。此外,海水淡化厂的动力也需要高耗水能源如煤炭或核能提供,这其中盘根错节的关系,在政策制定时是否全面考虑了?

水和能源关系的探究,尚处于起步阶段。水和能源虽然紧密相连,但目前在决策中仍然很少考虑。决策者和企业需要将能源问题更好地融入水资源政策中,并将水资源问题融入能源政策中,以约束水资源利用。只有统筹考虑好水和能源的关系,才能提供持续的经济和环境效益。

2.5　展望

Peter Gleick,美国太平洋研究所联合创始人和主席,说道:"我们很聪明,我们已经解码了人类基因组,操纵了亚原子物质,永久消除了一些疾病,我们有能力去解决水的问题。"解决能源与水的问题挑战重重,但也有成功的案例:

● 在热电厂,可以用空气冷却替代水冷却,或者采用其他新技术,比如整合发电厂的气化联合循环。空气冷却虽然降低了电厂效率,但是,节约下来的水可以抵消更多的温室气体排放。

● 清洁能源和清洁水资源可以齐头并进,澳大利亚珀斯建造了世界上第一个利用可再生能源的大型海水淡化厂。能源成本是海水淡化的主要障碍,因此,探索利用新型可再生能源(如太阳能、风能和波能)提供动力,极为重要。

● 风能,作为一种零耗水的低碳能源,被现代风电企业大量开发。

● 努力提高水资源和能源利用效率,能够低成本地节省大量的水和能源。在解决水和能源问题的同时,是否也意味着为减缓和适应气候变化做出了贡献?

应对水资源和能源安全挑战,需要对解决方案进行整合,避免一种资源开发耗尽另外一种资源。水和能源相关的专家和决策者,需要尽快实施低碳方案,以解决世界所面临的水和能源安全问题。

HIS CERA 在 2009 年世界水论坛报告中,以下列 5 个问题作为结尾,这对于决策者有着重大意义:

● 能源行业用水形势将会如何变化?

● 能源企业如何监控用水量?优先利用本地水源,还是利用其他地方的水源?

● 在未来的水资源分配中,市场将扮演什么样的角色?通过市场如何改进能源技术?

● 工业与其他利益相关者(包括农业、其他工业和政府),如何建立相互融洽的关系?

● 什么样的技术可以提高能源产业的用水效率?能源产业如何才能更好融入其他行业,如与农业用水、市政用水、污水利用和再利用等统筹考虑?

2.6 观点

以下列举了当前关于水与能源之间关系的各种观点,详细论述了本章涉及的主题。以下观点并不一定代表世界经济论坛的意见,也不一定代表其他参与的个人、公司或机构的意见。

● Peter Gleick,美国太平洋研究所联合创始人和主席,认为水和能源紧密相连,但是这种关联在政策上很少被采纳。

● Peter Brabeck-Letmathe,Nestlé 公司董事长,专注于第一代生物燃料问题,以及生物燃料对粮食作物种植的影响。

● J. Carl Ganter,蓝色循环组织联合创始人和常务董事,分析了美国清洁能源解决方案是如何对水资源产生影响。

● Dow 化学公司,阐明了海水淡化技术正向着节能、低成本和高效的方向迅速发展。

水和能源:新思维

Peter Gleick,美国太平洋研究所联合创始人和主席:

水资源和能源紧密相连。输送、处理和利用水资源需要大量的能源,能源生产也需要大量的水,特别是传统化石能源和核能。然而,很少有人充分评估它们之间的联系,而且它们很少受到决策者、能源和水资源管理者的关注。有限的能源已经开始影响供水系统,而有限的水资源也开始影响到能源供应系统。将两种资源统筹考虑，可以带来持续的经济和环境效益。同时，我们还必须应对全球气候变化新形势，反过来，气候变化也会影响两个领域的决策。

能量循环

从采矿到发电、使用、废物处理，都需要利用水资源，同时也会污染水资源。例如，在美国和其他大多数工业化国家，大量的水用于冷却，且大多数冷却水升温后返回到河湖中。然而，在干旱和半干旱地区，电厂用水量是巨大的，给其他用水户和自然生态系统带来灾难。由于冷却系统不同，相比大多数可再生能源，核能和化石燃料需要更多的水。随着人类需求的增长，水资源日益稀缺，水资源短缺制约能源生产的事例已经出现。当缺水时，核电站要么降级要么暂时关闭。新的冷却技术不仅需要减少用水量，同时还应降低对渔业或其他水生生物的影响。在一些水资源短缺地区，冷却水源越来越少，未来几年还将出现更多的问题。

水资源供给、使用和处理所需的能量

从水资源提取、运输到处理、分配，再到利用和废水处理，都需要大量的能源。

供水所需的能源强度取决于水的来源和用途。例如，南加州水资源丰富，能源成本低于 500kWh/英亩—英尺（1 英亩—英尺等于 1233m³，或 326000gal），而通过反渗透系统脱盐海水所需的能源，成本超过 4000kWh/英亩—英尺。不同来源的水耗能不同，因此对温室气体排放的影响不同。美国加利福尼亚州能源委员会估计，加州高达 20%的能源用于供水，提高用水效率是节约水资源和能源的一种低成本途径，这往往比从"供给"上节约更加有效。为使各参与方获益，决策者应优先考虑提高用水效率：

- 逐步取消灌溉、能源和作物补贴，因为这些补贴往往促进了水和能源的浪费。
- 研究新的标准，并建立节水节能智能标签。

气候—水—能源的关系

能源开发将排放温室气体，因此与气候变化关系紧密。气候变化将不可避免带来显著影响，因此我们必须行动起来，管控好气候变化的影响。因此，发展清洁能源，减少温室气体排放，减缓对水资源供应的影响，才是水资源和能源政策制定的关键。

结论

水资源和能源紧密相连，但在政策上，知之甚少且很少运用。决策者和企业应该将能源和水资源问题整合起来,统筹制定解决方案,否则,水资源和能源供应不足将不可避免。

生物燃料中水的角色

Peter Brabeck-Letmathe,Nestlé 公司董事长:

2007 年和 2008 年,世界陷入了重大的食品危机,且尚未结束。贫民主要食物来源——谷物价格比五年前提高了 60%,并在 2010 年下半年继续上涨。价格失衡引发了危机,且情况越来越糟。

各种补贴政策促进了生物燃料的发展,对这一局面的形成发挥了主要作用。例如,1959 年瑞士议会决定,通过燃油税进行道路建设融资,50 年后,生物燃料税免除了,生物燃料汽车可以免费使用公路。其他国家也对生物燃料发展给予了支持,如美国和欧盟每年的生物燃料补贴加起来达到 50 亿美元。

这些转化为燃料的粮食,可以满足 25 万人一年的粮食需求,这一点往往被生物燃料的支持者所忽视。

此外,政策也影响了市场,进而影响了价格。在政府力推生物燃料前,粮食市场就已经紧缺了,原因之一就是缺水。

农业用水通常是免费的或有大量补贴,往往会导致水资源浪费。世界各地地下水位的下降,进一步加大了粮食生产面临的风险。种植 1 卡路里粮食平均需要 0.5L 水,换而言之,1000L 水能够为一个人提供一天的能量(或羊角面包)。

当然,这"只有"1000L 水和 2000 卡路里,但考虑到全球粮食和能源市场的规模,如果用卡路里计量,能源市场的用水量是食品市场的 20 倍。所以,如果用第一代生物燃料替代 10%的能源,农业用水将增加一倍。

如今,生物燃料的发展似乎势不可挡,年度目标的不断提高更显示出该产业的蓬勃发展。政府间气候变化专门委员会的减排报告指出,到 2050 年,25%~80%的燃料将会被生物燃料替代,仅生物燃料的农业用水量将是现在农业用水总量的 8 倍。农业生产全过程监测结果显示,生物燃料也会排放大量甲烷和氮,比石油燃料更糟糕。

第二代生物燃料利用植物废料和倒下的树木,将其"纤维质"转化为生物燃料,也许是个不错的选择。专门种植用于生物燃料的植物,可能是最有效的方法,如产量是普通玉米两倍多的新品种玉米。虽然相关技术有所改进,但还是需要更多的水来生产生物燃料原料,这将给食品安全带来极大的威胁。

水资源短缺愈演愈烈,生物燃料的利好政策必须考虑他们的实际用水情况。由于水资源短缺势必导致粮食短缺,生物燃料政策首先影响的是粮食价格。

瓶颈：水资源和能源之间的冲突

J. Carl Ganter，蓝色循环组织联合创始人和常务董事：

能源需求增长和淡水资源减少的冲突愈演愈烈，而这种冲突越来越难避免，解决该冲突需要付出昂贵的代价。过去，化石燃料为全球带来了繁荣和健康，未来，不管是否继续使用化石燃料，还是使用非常规燃料或清洁能源，都需要比今天消耗更多的水，除非研发新技术、出台更多节能和节水政策，否则经济发展将面临资源瓶颈。

蓝色循环组织里的记者和研究人员，在长期研究能源和水资源的关系中寻求两者的交集，以期找到解决办法。

在《美国的瓶颈》报告中，蓝色循环组织得出如下结论：经济增长过快的地区，水资源和能源需求过大，两者矛盾日益突出，比如美国加利福尼亚、西南地区、落基山脉西部和东南部。这种资源冲突将影响未来的经济增长。尽管后果很严重，但政府依然不够重视，仍在发行债券建设热电厂和电网。

对于清洁能源，除非深入研究、仔细规划，找到可持续的替代品，否则，几乎可以肯定的是，将消耗更多的水。

蓝色循环组织的其他重要结论还有：

● 日益增长的能源和水资源需求，对美国西南部产生了显著影响。气候变化正在逐渐融化落基山脉的雪山，科罗拉多河的输水量相比十年前显著减少，很快将无法满足胡佛大坝的发电需求。

● 相比传统的石油和天然气，加拿大"非常规"油砂，北美大平原北部页岩油，以及东北部、得克萨斯州、俄克拉荷马州和中西部地区页岩气的开采，需要 3~4 倍的水，而这些能源正在取代石油和天然气。

● 美国北达科他州的开发商，每年从巴肯页岩中开采 1 亿桶石油和 1000 亿立方英尺的天然气，但是，水力压裂页岩和释放碳氢化合物消耗了大量水资源，当地农民对此事非常不满。

● 正在测试的碳捕获和封存技术，是减少火电厂碳排放的有效工具，其中包括由加利福尼亚州克恩郡能源部门刚刚批复投资的新发电装置。根据能源部门的统计，相比燃煤，这项技术用水量还将增加 40%~90%。

● 根据能源行业报告，2010 年北美用于非常规油气开发的投资约为 1000 亿美元，其中 180 亿美元用在风能、太阳能、生物燃料和地热等清洁能源的生产和研究上。

目前，很少有人系统考虑能源和水资源。《美国的瓶颈》报告中还指出，这种资源冲突对美国经济、环境和生活质量影响较大，需尽快解决。

从海洋寻找解决方案

Dow 化学公司：

"古舟子咏"，Samuel Taylor Coleridge 写道："水，无处不在，却无法解我焦渴"，焦渴的水手咒骂着周围的海域无水可喝。拥有百年历史的诗，揭示了一个悲惨而又极具讽刺意味的事实。数百万人生活在沿海地区，但仍无法获取饮用水，未来 10 年，供水压力还将继续增加。

2008 年，Dow 化学公司董事长兼首席执行官 Andrew Liveris，加入了联合国秘书长潘基文和其他十国领导人组织发起的联合国水行动倡议。Dow 化学公司认为，发展海水淡化大有裨益。Dow 化学公司致力于净化技术的研发，现有技术的净化率可达 97%。目前，通过海水反渗透(SWRO)技术淡化的海水接近全球饮用水的 2%。Dow 化学公司每天净化 2.18 亿 gal 海水，从佛罗里达州坦帕湾到以色列的阿什凯隆，再到澳大利亚的珀斯。

目前，非洲沿海地区也在逐步使用海水淡化技术。加纳共和国的水务部门计划在内陆建立世界最大的海水淡化厂之一。更高效的膜技术，可以降低能耗进而大幅降低运行成本。该工厂的建设，不仅能够满足加纳共和国的饮用水需求，还有助于防止国家宝贵的自然湿地和地下水进一步枯竭。该厂将使用 Dow 化学公司的淡化海水技术，在满足饮用水标准的同时，尽可能降低投资和运营成本。

海水淡化能耗降低的关键是减少中间反应过程、降低成本，同时淡化更多的水。新的减压技术，将海水淡化的成本从 1980 年的 2.43 美元/m³ 降低至 2007 年的 0.65 美元/m³。相比 1985 年，如今的 SWRO 膜能够过滤掉 99.8% 的盐分，产水量翻倍而成本却降低一半。其他节能方式还包括压能回收装置。

膜技术的发展对解决环境问题也大有裨益。通过风力发电等方式为海水淡化供能，能耗远低于 20 年前。现代化的海水淡化技术不仅节能，在抽水、处理和输水上也更加环保。从加纳共和国到美国佛罗里达州坦帕湾的海水淡化，都有助于减少抽水量从而保护优质地下水。未来 5 年，Dow 化学公司还将努力将海水淡化和污水处理的成本再降低 35%。

Coleridge 诗歌中的水手可能会欢呼新技术的出现。尽管海水淡化有一定益处，但也不是一剂灵丹妙药，不能期望仅依靠该种方法就能解决问题。积极保护水资源、安装分散式供水系统、提高污水处理率等措施，都将在应对全球水资源短缺上发挥重要作用。这些解决方案，需要政府、企业、人道主义组织和其他利益相关者的通力合作。Dow 化学公司认为，在这个过程中，企业的使命就是不断创新。

第3章

贸 易

　　本章将探讨水与贸易的关系。过去 3 年中,许多公共机构、私营机构、学术和非政府组织以及水资源倡议论坛委员会成员等代表参加了水资源相关的各种论坛和研讨会。本章的观点主要来源于这些代表的论述。

3.1　背景

　　生产 1kg 小麦需要约 1300L 水,而 1kg 小麦远比 1300L 水更方便运输。同样,生产 1kg 牛肉需要 10000~20000L 水,而 1kg 牛肉比 20000L 水更方便运输。

　　如第一章所述,未来几十年,粮食和肉类的需求预计成倍增长,特别是经济高速增长的亚洲地区。如果你是亚洲的水资源开发商,在这样的环境下,怎样做才最有价值。面对日益增长的粮食与肉类需求,以及快速增长的能源需求,水资源还能满足吗? 或者可以通过进口粮食和肉类,代替进口生产这些产品的水。

　　将这个概念拓展到各种食品和非食品消费品,从瓜类到化妆品,从马铃薯到油漆料,从西红柿到牙膏,你会发现贸易显得越来越重要。未来几十年,随着经济的扩张,对于北非、中东和亚洲所需的耗水产品,贸易显得尤其重要。缺水国家通过进口谷物、肉类、其他食品和消费品(即进口"虚拟水"),可以减少国内的农业和工业用水。到 2025 年,谷物贸易的增加预计节省亚洲 12%的灌溉用水。

　　"虚拟水"概念在 20 多年前由伦敦 King's 学院、东方与非洲研究学会的 Tony Allan 提出,定义如下:

　　"虚拟水"(也称"嵌入水"、"内在水"或"隐藏水")指的是,在贸易背景下,商品和服务提供需要的水资源。例如,生产 1t 小麦约需要 1300m³ 水,具体与上提气候条件和生产方式有关。Hoekstra 和 Chapagain 定义一个产品(日用品、商品或服务)的"虚拟水"为"在产品的实际产地,生产产品的用水量",包括各个生产环节的需水量。

　　因为提出了这个概念,Allan 获得了 2008 年斯德哥尔摩水奖。斯德哥尔摩国际水资源研究所称,"虚拟水"已对全球贸易政策产生了重大影响,重塑了水资源政策和贸易体系,特别是在缺水地区。美国、阿根廷和巴西每年出口数 10 亿 L 的水,而另一些国家如日本、埃及和意大利每年进口数 10 亿 L 的水,"虚拟水"概念已经为水资源高效利用打开了一扇新的大门。

目前,食物和消费品中的"虚拟水",将进一步拓展到一个产品、一个产业,甚至一个国家。荷兰特文特大学水资源管理学科带头人 Arjen Hoekstra 教授,被普遍认为是"水足迹"这个概念的创始人。"水足迹"可作为研究消费者和生产者直接或间接用水情况的监测器。对于任何一个消费群体(如个人、家庭、村庄、市、州、省或国家)或者生产商(如公共组织、私营企业或经济部门),"水足迹"可为一个特定产品,做成一个精确跟踪器,不仅显示产品生产的用水量和污染量,还显示其地理位置。

过去几年里,学术界和非政府组织越来越关注"水足迹",相关成果日益丰富,其计算过程有点类似"碳足迹"。例如,世界自然基金会网站提供了下列资料:

- 生产 1kg 牛肉,需要 10010L 水。
- 生产 1 杯无糖黑咖啡,需要 140L 水。
- 中国年均用水量是 950m³/人,只有 8%的用水量来自进口产品。
- 英国年均用水量是 1695m³/人,约 62%的用水量来自进口产品。
- 英国生产棉花的人均用水量一般是 210L/日,而居民人均直接用水只有 150L/日。
- 美国年均用水量是 2900m³/人。

作为一个新概念,"水足迹"也可通过互联网进行跟踪和计算。

许多企业和商业组织,例如世界可持续发展工商理事会,都在致力于开发"水足迹"的计算方法和应用程序。例如,在 2010 年斯德哥尔摩水周上,SABMiller 公司与世界自然基金会、德国发展机构公司共同探讨了该公司在南非、秘鲁、坦桑尼亚和乌克兰产业链的全过程"水足迹"。2009 年,SABMiller 公司首次发布了企业"水足迹"报告,涵盖了南非和捷克共和国。同样,Coca-Cola 公司和美国大自然保护协会也联合编制了"水足迹"报告,开展了可口可乐产品和配料的"水足迹"研究。

在南非,采用"水足迹"网络计算法得出,1L 啤酒的净用水量预计是 155L(不含灰水),其中作物种植占 95%。SABMiller 公司可持续发展部门主管 Andy Wales 解释道,"水足迹"使 SABMiller 公司了解哪些生产链可能面临水资源短缺或产生污水,以帮助我们对症下药,应对未来挑战。

Coca-Cola 公司和美国大自然保护协会计算出了荷兰 Coca-Cola 公司生产 0.5L 饮料的"水足迹"。可口可乐所需的甜菜糖在欧洲种植,美汁源橙汁在北美生产,由此估算出0.5L 可口可乐饮料的绿色"水足迹"是 15L,蓝色"水足迹"是 1L,灰色"水足迹"是 12L;欧洲生产 1kg 甜菜糖的绿色"水足迹"平均为 375L，蓝色"水足迹"平均为 54L，灰色"水足迹"平均为 128L；对于佛罗里达的 1L 纯橙汁来说，绿色"水足迹"是 386L，蓝色"水足迹"是 154L，灰色"水足迹"是 100L。"水足迹"的大小和颜色取决于种植地区。

"比'水足迹'数字更重要的，是探清产品生产过程中对水资源的影响"，美国大自然保护协会淡水项目组主任 Brian Richter 说道，"如果管理得当，即使用水量大也能够维持生态健康、保障可持续发展，'水足迹'数字不是终点，而是水资源可持续的起点。"

由于自然环境的影响因素众多，"水足迹"尚未在国际贸易中使用。"水足迹"数字或标签不是终点，相反，它是绿色、蓝色、灰色"水足迹"分解和计算的基础，以洞悉整个产业链中水资源的利用情况。

尽管众多的学术机构、非政府组织和企业协会，正努力在产品产业链与水资源之间建立更好的联系，但当前的国际贸易体制还是相对较落后。例如，国际贸易中并未考虑最基本的水问题。世界贸易组织诉讼部门前主席 James Bacchus 在本章结尾处说道，"在什么情况下水资源可以成为一种产品或商品，世界贸易组织尚未定论。如果商品价格中必须涵盖水资源的利用，那 WTO 规则又将如何改变。"全球贸易机构以及那些设法解决水资源安全问题的机构，在应对这个问题上的步调是不一致的。

3.2　趋势

联合国环境规划署(UNEP)预测，到 2025 年，世界谷物总需求将从目前的 5.85 亿 t 增长到 8.28 亿 t，增长 42%。由于水资源缺乏，部分国家无法种植出足够的食物，因而世界需要加大农产品贸易。

但事实上，农产品在国际贸易中的份额反而在减少，从 1950 年的 46% 减少到 2001 年的 9%。联合国亚洲及太平洋经济和社会委员会指出，水稻是主要谷物中交易量最小的，在全球贸易中所占的比例自 1995 年以来从未超过 10%；即使对于交易量最大的谷物——小麦，其占全球贸易的份额也明显低于全球总产量的 1/4。自 1990 年代末以来，全球贸易中主要谷物的份额也一直在下降，其中下降最多的谷物下滑了近 54%。

而且，大部分农产品贸易发生在少数国家，多数国家都采取相应措施来避免贸易开放，美其名曰保护本国农民。2001 年，美国、欧盟和加拿大占全球农产品出口的 60%，美国、欧盟和日本占全球农产品进口的 60%，平均关税为 30%，这似乎与实际需求背道而驰。在 2009 年世界经济论坛提出的一份水资源报告中，摩洛哥农业发展总理事会主席 Mohamed Ait-Kadi 提出，由于农产品补贴、价格保护以及贸易壁垒，政府和消费者已付出了昂贵代价。

在前几章曾提到，未来几十年水资源短缺将进一步加剧，每年导致的粮食损失约占 30%，但与此同时，我们希望粮食产量能够增长 70%~100%。我们需要更多的农产品贸易，而现实中却不多；我们需要减少贸易保护，而现实中却很多。2008 年、2009 年和 2010 年出现的食品价格波动，意味着食品价格正变得越来越不稳定。未来 20 年，随着政治、经济和社会的发展，这些趋势不太可能会下降，反而可能会上升。

根据世界水文地貌状况，最适合种植粮食的区域与实际种植的区域并不对应，这一点甚至比贸易流动、商品价格和食物短缺更值得关注。未来 20 年内，世界排名前十的三大食品出口国（澳大利亚、西班牙和美国），将面临国家或区域粮食安全的严峻考验；贡献世界小麦一半产量的澳大利亚、中国、印度、土耳其和美国等十大出口国，也将面临水资源挑战，而且形势还会日益严峻。此外，气候变化可能使许多国家的农产品产量降低 10%~25%，印度可能降低 40%。

联合国亚洲及太平洋经济和社会委员会，对贸易、农业和粮食安全所面临的挑战持悲观态度："如果一个国家粮食依赖进口，那是拿他们的未来在冒险。"然而，许多水资源短缺国家，似乎坚持走粮食进口这条路。

2008 年，沙特阿拉伯放弃了小麦生产上的自给自足，建立了一个海外投资基金会，收购巴基斯坦或非洲之角的土地种植作物来满足国内需要。同样的，中国在非洲南部收购农田，种植国内所需要的食物和纤维；韩国 Daewoo Logistics 公司，在马达加斯加 2008 年的政治问题解决之前，从当地政府手里租用土地种植粮食，南亚其他国家和海湾地区国家也如出一辙。2006—2009 年，许多地区发生了这样的土地交易，其中，发展中国家的交易面积超过 2000 万 hm，相当于法国所有的农业用地面积。大多数的交易是由国有企业或投资公司代表政府中进行。目前，日本的海外土地面积是本土的三倍，沙特阿拉伯、科威特、韩国和中国，分别与苏丹、埃塞俄比亚、刚果（金）和巴基斯坦达成了协议。许多非政府组织和媒体称这一现象为"圈地"。

这种"土地掠夺"称之为"水资源掠夺"更为合适：这些国家拥有大量的土地，但他们没有足够的水，这种交易体现了"虚拟水"的概念。同时，这一趋势也反映了，当前各国政府和国际贸易体系仍无法应对农业结构性缺水问题。

3.3　预测

农产品贸易体制的失调，可能导致土地租赁协议持续增加。当人均水资源量低于 1500m³ 时，国家开始倾向于进口食品，特别是需水作物，这将加速土地交易。2000 年，21 个国家低于这个临界值，而到 2030 年，还会再增加 14 个国家低于临界值。未来，将会有更多的国家加入农产品贸易，以寻求世界来帮助他们解决食物来源问题。如果农业用水效率和贸易体制没有飞跃式的发展，双边的土地换水协议，是一个国家确保粮食安全的理性做法。

对于许多亚洲和中东地区快速增长的经济体，随着经济的扩张，政府必须在农业、城市和工业之间进行水资源分配。中国、韩国、日本均面临着这样的挑战。假如，一个国家灌溉用水占比超过40%，就会面临上述水资源分配问题。到2030年，如果一切照旧，整个南亚都将达到40%的临界值，中东和北非会达到58%。然而，按目前的水资源分配方式，农业几乎将被工业所取代，尤其是能源和制造业。工业化飞速发展的南亚、中东和北非地区，为了养活近25亿人口，也不得不寻找水资源丰富的土地来种植所需的食物。

按目前趋势，到2030年近55%的世界人口将因生活用水不足而越来越依赖粮食进口。如果贸易体系无法从根本上改善，将可能加速土地换水的交易。在这种情况下，亚洲多个国家和中东将彼此竞争，争夺与资金短缺但水资源丰富的国家土地换水交易，如刚果(金)或其他赤道非洲国家。这些国家，也能从这个利润丰厚的土地换水新市场中获利。由于不同国家水资源管理政策不同，土地换水市场的发展可能是积极的，也可能是消极的。

3.4　启示

"澳大利亚通过统筹考虑环境成本，建立了农产品价格激励机制，以调动农民积极性"，澳大利亚贸易部前部长，现任地方政府部长 David Crean 说道，"如果我们不开放贸易，那么讨论水安全等议题是毫无意义的。"如果全球农业贸易体系不稳固，地缘政治可能给新兴国家的水安全造成深远影响。越来越多的国家将通过单边方式而非多边协调来解决问题，这将产生大量新的联盟。然而，资金充裕的国家和水资源丰富但资金短缺的国家，不太可能会成为盟友。

粮食及农业组织警告争夺海外土地有产生"新殖民主义"的风险。全球化将会迅速倒退，21世纪有可能倒退至19世纪的双边联盟和贸易格局，影响到政治和经济的发展。

这种地缘政治的转变，将导致水、农业和贸易联盟的瓦解，并可能影响国际组织和非政府组织。规则似乎已经明显改变，联合国粮农组织、环境规划署该如何适应这种新转变？对于水资源管理和贸易，如果没有一个多边框架来制定规则或行为规范，水资源相关企业的未来发展在哪里？

和平是多边贸易的必然要求。根据 Tony Allan 教授的观点，在和平年代，水作为商品进行贸易，才能解决缺水、干旱以及洪水带来的饥荒问题。和平贸易能避免一些冲突，并进一步推动了新贸易协议的达成。

这种趋势，也将对环境造成影响。水资源作为本土资源，危机的出现将促进水资源短缺地区和水资源丰富地区建立政治、经济和农业上的合作。解决地区水资源短缺危机,需要重构国际贸易体系,以便国与国之间通过"虚拟水"贸易缓解危机。如果单纯增加农业用水贸易而不统筹考虑地区缺水,也将带来严重的环境影响。如果缺水国家种植越来越多的高耗水作物,然后向水资源丰富的国家出口这类大宗商品,将导致十分严重的后果。"虚拟"或"嵌入"的水不仅离开了这个区域,而且不再进入地下水,从而加剧出口国的缺水。

3.5　展望

社会和经济高度发达的国家通常很容易解决供水危机,如新加坡,国内水资源量只有其所需水量的 5%,也没有能源资源,但却有一个非常发达的经济体。如果国际贸易体系可以调整,促进水资源密集型作物在更合适的区域种植,"虚拟水"贸易也将真正实现。解决这一问题的核心是公平的贸易条款,而现有的关税和低价,都在阻碍世界最贫困的农村地区提高生产力,特别是非洲。

即使没有建立"水足迹"标签,"水足迹"的发展也具有重要意义。深入了解全球商品交易中的水资源利用情况,可以帮助各国重构国家贸易关系。

传统的水权分配制度,值得我们深入研究。历史证明,一定范围内这种"交易"在应对环境和经济挑战时作用明显,相关的制度、合作方式以及水资源管理经验,都值得我们学习。

有着 4500 年历史的阿曼 Aflaj 灌溉系统,其水价综合考虑了业主、季节或灌溉作物等因素。最古老的也许是最有效的,值得保持下去。布须曼人通过非正式的方式对水资源相关的商品、服务或信息进行交易,实现水资源的自给自足和卡拉哈里经济的增长。

最近,智利北部、澳大利亚东部和美国西部的政府,都将水资源的"用益权"赋予农民和牧场主。在水资源短缺压力持续增大的情况下,通过买卖和租赁水权,确保城市、农场、渔场或河流本身的用水需求。水权交易如果能够实现公平和透明,确实有助于提高效率,让水资源创造更大的经济价值。

不同国家的水权交易制度是独特且相互独立的,但也有共同点:委托代理人,鼓励自愿交易,减少社会摩擦,保护共同的水资源。随着行为经济学的发展、多学科的交叉研究,将这些交易行为上升至国家和国际层面,这些是否能够帮助我们应对未来挑战?也许今天看来困难重重,但如果实现了民主化和透明化,这些交易系统是否为解决当前全球水资源短缺问题的有效途径?

通过国际法庭,刚果(金)对未来 20 年(直到 2030 年)的水权进行招标,并将其作为经济发展的一部分。公共和私营(包括非政府组织)机构可以通过拍卖,竞价这些权利。国际法庭帮助刚果(金)筛选,以筛除不法或过于乐观的投标人。在国际金融机构的帮助下,刚果(金)政府在国际资本市场公开发行水利债券,将未来水权的收入证券化,并将这些收益用于基础设施建设或社会和经济领域投资。对于创造就业和 GDP,这或许是一个好办法。

3.6　观点

以下列举了当前关于水与贸易之间关系的各种观点,详细论述了本章涉及的主题。以下观点并不一定代表世界经济论坛的意见,也不一定代表其他参与的个人、公司或机构的意见。

● James Bacchus,格林伯格·特劳里格律师事务所全球贸易和投资事务主席、美国众议院前成员、世界贸易组织诉讼法官组织前主席。他阐述了水和贸易关系的转变以及 WTO 应如何改革。

● Stuart Orr,世界自然基金会淡水经理;Guy Pegram,世界自然基金会顾问(南非);阐述了水资源贸易带来的风险和回报。

● Herbert Oberhänsli,瑞士 Nestlé 公司经济和国际关系负责人,着眼于贸易如何解决水资源短缺问题,及其产生的连锁反应。

● Tony Allan 教授,伦敦 King's 学院水资源研究组组长,提出了更宏观的水资源贸易方式,即通过国际体系改革,而不是一定要建设更多的供水基础设施。

水与贸易的关系

James Bacchus,格林伯格·特劳里格律师事务所全球贸易和投资事务主席、美国众议院前成员、世界贸易组织诉讼法官组织前主席:

水、食物和能源等资源的全球争夺之间有着紧密的联系,并与贸易息息相关。全球水资源的短缺问题与贸易的联系尤为紧密。到 2030 年,全球用水需求可能超出淡水供应总量的 40%。经济合作与发展组织(OECD)预测,如果按目前的趋势发展下去,届时将会有近 40 亿人面临缺水。

成千上万的贸易产品和服务需要水,反过来,也会影响水的利用。然而,当前世界贸易规则基本上没有考虑日益严重的水资源短缺危机,而且,我们依然不清晰贸易规则什么时候会改变,改到什么程度。水资源本身可以成为一个产品,一个受贸易规则限制的商品。

水与其他自然资源有何不同?获取水资源是基本人权?还是应该付费获取?一些经济学家和专家认为,如果我们希望改善水资源利用状况,必须将价格考虑在内。如此,在现行的 WTO 规则下,将会产生什么影响?

现行的 WTO 规则在实施还是不实施、怎么实施等方面,存在诸多误区,而这个问题正引起全球争论。WTO 的 153 个成员国和地区,都应加入这场论战。通过多边谈判,认可水作为商品的地位。

通过国际贸易交易"虚拟水",对缺水国家影响显著。进口高耗水产品以减少国家用水,这是中东和北非地区缺水国家的做法;出口高耗水产品增加国家用水,这是美国和澳大利亚的做法。通过国际贸易,可以起到节约水资源的效果。

有人建议,WTO 规则应该允许成员国进行"偏好"选择,以水定产来生产农作物。这种非歧视原则,反倒可能破坏了多边贸易体系的核心。通过对产品标识,告知消费者用水量,可能是现实的做法,这些可以通过现行的 WTO 规则完成。

根据宏观统计,农业生产用水占全球总用水量的 70%。农业领域更好利用水资源,是解决全球水危机的关键,而这离不开 WTO 制定更好的规则。农业生产力和贸易效率越高,全球水资源利用效率就越高。全球农业贸易自由化,将加快"虚拟水"流通,有效缓解水资源短缺。耗时久远的多哈贸易谈判达成的协议,对于解决水危机具有重要意义。

在农业生产方面,迫切需要鼓励高效用水相关的 WTO 规则。虽然现行的 WTO 规则已经包含了一些与环境相关的限制,但更多的规则还需协商制定,特别是鼓励水资源高效利用的规则。

IEA 在 2009 年发布的"世界能源展望"中预测,2030 年的能源需求将增加 40%。如果没有更好的贸易规则,这些需求将进一步加剧水短缺危机,届时,能源领域将消耗美国和欧盟约 40% 的淡水资源。能源需求的增加导致用水量的增加,在 WTO 贸易谈判中应全面考虑。在应对气候变化这一全球性挑战时,应考虑到气候变化也会影响水资源的供应和利用。

最后,建立与 WTO 类似的国际水组织、与 WTO 条约类似的国际水条约迫在眉睫。新的国际协定和体系要求全世界联合起来,共同应对复杂的全球水短缺危机。

水资源贸易中风险和回报

Stuart Orr,世界自然基金会淡水经理;Guy Pegram,世界自然基金会顾问(南非):

每一种商品都需要水,其中农产品和纤维商品用水量最大,消费品和重工业材料嵌入水量也是巨大的。

全球贸易中的农产品及其价格,越来越多地依赖气候变化和水的季节性变化。受生物燃料、高油价、粮食市场投机以及极端天气事件等多重影响,2007 年食品价格指数上升了50%。半个世纪以来,随着生产力大大提高、水资源供应可靠,前期食品价格持续稳定地下降,因此这突然飙升的价格震惊了世界。

2009 年 9 月,食品价格回落到全球经济衰退后的 2006 年,然后在 2010 年又再次上升,这凸显出了全球大宗商品价格在经济和投机驱动下的不稳定。即使食品供给大幅增加，然而食品价格过高让穷人遥不可及，上亿人依然营养不良，消除饥饿的目标仍然遥遥无期。

气候、水、食物和能源之间的这种相互作用，在糖的价格变化上体现得一览无余。受印度和巴西干旱、大量甘蔗转化为乙醇燃料、经济复苏以及亚洲甜食需求增长等多重影响，糖的价格突破历史最高纪录，再经过炒作，糖的价格在短短半年内翻番。这就是市场，投机者会给某些国家、企业和群体带来未知的风险。即使没有炒作，人口增长、气候变化和有限的水资源也将影响价格波动。食品价格波动往往影响政治、社会、经济和金融，尤其是那些依赖水资源的国家和公司。

2008年粮食价格暴涨的时候，许多国家虽然通过设置贸易保护壁垒来避难，但长期下来仍遭受了不利影响。这些国家无视贸易相关的法律，对高耗水商品出口实行管制或征税。目前，贸易谈判对水资源关注较少，但它作为"商品"或"资源"，已经在农业谈判中引起注意。

贸易可以强化用户之间的关系，但受国家政治和经济影响，水资源贸易仍被高度管制，而且贸易壁垒可能强化，进一步加剧水短缺危机。

完善的法律法规可以降低商品价格不稳定带来的政治和金融风险，减少水资源开发利用中的不利影响。这种贸易政策将带来三方面的影响：①政府通过贸易保护主义来保障粮食安全；②企业投资者收购农产品；③公司扩大规模以保护他们的供应链。

备受关注的农业收购或"圈地"，已上升至国家战略层面，意义重大。虽然国际投资受国际法律保护，但通过"圈地"掠夺他国水资源，可能会削弱土地出让国的信任，尤其是通过租赁或购买土地专门生产农作物。

未来充满不确定性，基于农产品建立的水、贸易和投资之间的关系，也将面临更大的风险。依赖食品和能源的各国政府和企业，都需要调整战略，以免受到冲击。

环环相扣的缺水危机：论贸易如何发挥影响力

Herbert Oberhänsli，瑞士 Nestlé 公司经济和国际关系负责人：

2008年，随着西班牙巴塞罗那河的干涸，在炎热的夏季法国马赛匆忙进口了几船水。不可否认，这极富戏剧性，几个星期的新闻让人们意识到水资源短缺的严重性，以及水资源交易的重要性。同时，也唤醒了人们对水资源贸易的关注：如何减少水资源利用又能满足人类需求。如果1L水产生1cal食物，为了满足基本需求，90亿人每天需要12万亿L水。随之而来的就是地下水枯竭、河流干涸断流、大坝淤积。同时，随着人口增长和社会繁荣，粮食需求还在不断增长，这一切叠加后给粮食安全带来了巨大挑战。

"15年内，水资源短缺将影响世界1/3的人口"，Frank Rijsberman 在2003年国际水管理研究所成立之时说道,"届时, 我们每年面临的粮食损失可能相当于当前全球产量的 1/3。"美国大平原、中东、北非、西班牙的部分地区、巴基斯坦、印度西北部和中国东北,这些至关重要的农业区都出现了水资源短缺问题。更形象地说,一旦危机爆发,每年需要的水量超过 3500 万个"巴塞罗那"运水船队,然而,缺水地区仍在大规模种植粮食,以满足日益增长的需要。

早在 2008 年,沙特阿拉伯就意识到水比石油更有价值,并决定停止开发水资源这一珍贵的资源。从撒哈拉以南非洲(未开发土地约 6 亿 hm)到拉丁美洲(未开发土地约 3 亿 hm),这些干旱国家可以进口粮食,也可种植粮食。这些地区的农产品产量相对较低,但如果能够采取激励措施,可以提高生产力。

OECD 估计,自由贸易短期内可以提高发展中国家的 GDP 和收入,全面开放贸易可以减少 10%的农业用水量。只有充分认识到水资源的价值,进行必要的改革(如建立全球化和现代化的法规、合理考虑水价等),"虚拟水"贸易才会完全发挥作用。

"水价"这个术语,备受争议。水是人的基本需求。饮用、做饭和基本的卫生都需要水,是一项人权。每个人的最小用水量必须得到满足,且价格低廉,条件允许情况下应该免费。超过基本需求的其他用途,如浇灌草坪或游泳池,应该至少支付水资源涉及的所有基础设施建设费用。

此外,当水的价格取决于机会成本时,水资源用于工业或农业生产是最有效且可持续的。"世界上只有一个用水户考虑机会成本的方式",原世界银行成员,Harvard 大学的 John Briscoe 说道,"那就是制定合适的规则,可以让用户转让水权"。他指出,早在几十年前,水权交易就出现在干旱地区,如美国西部、智利、澳大利亚、墨西哥,以及印度和巴基斯坦的部分地区。用户一旦拥有这些权利,他们可以自主决定是否放弃水权,卖给对水资源有更高需求的用户,以获取报酬。水的二次分配促成了一个自愿和互惠的交易,一个愿买一个愿卖,而不是导致一方浪费稀缺资源,或另一方不断寻找新的水源。"

当农民不能交易水权时,将带来水资源的浪费。八百年前瑞士瓦莱州就出现了私人水权,但水权不能租售,农民的土地同样会被过量的水淹没,就像美国西部的口头禅"使用它或失去它"。为了避免浪费,水需要确定一个价格。在交易放开之前,需要进行先期试点,而当地水务市场是水权改革的基础。

当媒体报道"干旱国家从多雨国家购买水资源"这一现象时,并没有抓住关键点。大多数文章分析了土地交易的价值,如"德国潜在的田地",却严重忽视了钱不是用来买地,而是购买嵌入其中的水资源。由于未考虑水资源因素,买家出价也越来越低。假如作物一年一熟,这转移的淡水资源就有 55~65 km³,相当于 300 万个"巴塞罗那"运水船队。由于没有考虑水价,投资者几乎是免费抢占这些土地。

水安全问题的和平解决之路

Tony Allan 教授,伦敦 King's 学院水研究组组长:

政府决策可以削减旱地作物补贴,宏观经济可以调控湿地建设投资,微观经济可以为水利改革提供建议,但是对于农民,似乎没有有效的或公平的方式让他们发表意见。全球200 个经济体,只有 20 个是粮食净出口国。由于大多数国家是粮食进口国,融洽的贸易关系至关重要。对于一个经济体,进口食品就是进口水资源。一个水资源短缺的国家,进口1t 小麦相比生产 1t 小麦,可以减轻国内经济和政治上的压力,这种"贸易",在经济上是无形的,在政治上是无言的。

一种作物的产量,很大程度上取决于农民和消费者的选择。消费的选择十分重要,用水安全需要从以下四个方面分析(这已超出了简单的微观经济学原理)。

首先,农民种植农作物、饲养牲畜的"绿水"(绿水是源于降水,存储在土壤并通过植被蒸发消耗掉的水资源,是雨养农业区重要的水资源)占用水总量的 70%,剩余的 30% 称之为"蓝水"。OECD 国家的农民,拥有了大量的水、土地和农业技术投资,几乎与能源的投资相当。这样一来,农民的回报有了保障,全球水安全也有了依靠(因为他们掌控了 80% 的水资源)。但是,农民也面临诸多不确定因素,如气候和水是多变的,而且市场也是不稳定的。反过来,市场也可以使他们的收益更高,食物的运输和存储可以提高效率、减少浪费,通信技术可以帮助他们适应快速变化的天气。

其次,农民需要一个公平的竞争环境。在非洲,农民最需要的是提高回报率,但却被不公平的贸易体系所限制。美国和欧盟的补贴,决定了全球小麦的价格,这就导致非洲贫民无法提高作物价格,无法获得盈余去投资基本建设。相反,随着农产品产量的降低,他们的资本会逐渐被侵吞,而不是成倍增长以满足需求。

第三,消除食物浪费也将消除水资源的浪费。在发达国家,近 1/3 的食物最终成了生活垃圾,在发展中国家,30% 的食物在运输过程中腐烂。众所周知,安全存储和制冷是经济又可行的技术,可为我们节省 60% 的食物,那我们还需要为那 40% 苦苦寻找新的水源吗。

最后,也许是最重要的,那就是消费者的选择。人口和饮食习惯决定饮食消费,饮食消费决定用水量。人类可以像中国一样控制人口增长,或者像一些欧洲国家一样减少人口。但是,即使保持人口不变,若饮食习惯从素食转移到牛肉,则每天对水的需求也将从 2.5m³ 增加至 5.0m³。

我们需要采取一切手段,来填补全球水资源的供需缺口(2030 年这个缺口预计达到40%)。这个缺口,可以通过寻找新的水源和加强各部门间的用水管理来填补,但不要忘了,更好的方式是保障农民的生计和权力,同时说服消费者行为理性。

第4章

国 家 安 全

本章将探讨水与国家安全的关系。过去3年中,许多公共机构、私营机构、学术和非政府组织,以及水资源倡议论坛委员会成员等代表参加了水资源相关的各种论坛和研讨会。本章的观点主要来源于这些代表的论述。

4.1 背景

历史表明,淡水资源是一个国家发展的关键因素。研究显示,25年前对于低收入国家(低于750美元/人·年),若有足够的饮用水和卫生设施,每年的人均收入增长可达3.7%;而那些水资源有限的同类国家,每年仅增长0.1%,由此可见,水资源对经济增长具有重要作用。

进一步研究发现,水资源匮乏的国家依然贫困,而降雨变幅越大,人均收入越低;灌溉投资增加与贫困率大幅降低有着直接联系(如印度),灌溉地区的平均贫困率为25%,而非灌溉地区的平均贫困率达到70%。在撒哈拉以南的非洲,由于供水设施落后,导致的损失占GDP的5%,远大于该地区收到的援助。

如果水资源无法得到保障,不管是由于环境变化还是经济增长,还是两者皆有,都会对经济产生影响。2006—2007年,澳大利亚的干旱导致该国GDP至少减少了1%。在美国,过去2年,水资源短期导致农业部门每年增加40亿美元的支出。到2020年,按目前的管理体系,加利福尼亚州估计每年将花费纳税人16亿美元。

水安全是否会加剧目前经济所面临的挑战?

4.2 趋势

未来20年,随着世界人口从60亿变成80亿,社会总财富的增加和城市化的快速发展,人类的用水需求将会急剧上升。我们将需要更多、更高蛋白的食物以及更多的能源。相比以前，我们将需要更多的石油和消费品，利用更多的水冲洗厕所、淋浴、灌溉更多的草坪和高尔夫球场。

随着生活变得富裕，我们还需要更多的水资源。人口增长和用水量遵循的是一种非线性关系。比如，从 1900 年到 2000 年，全球人口增长了 4 倍，但用水量却增长了 9 倍。1950 年，全球人口约 25 亿，淡水用量约 1.4 万亿 m³。到 2000 年，全球人口约 52 亿，增加了 2 倍；而淡水用量约 5.2 万亿 m³，增加了近 4 倍。

人口、经济和用水量的增长在不同地区、不同时代的表现不一样。在美国，用水总量大约在 1980 年达到巅峰，到 1995 年下降了 1/10，然而这期间美国人口增加了 4000 万。中国作为世界上第四大淡水资源国，经济和用水量同步增长，带来了水资源过度使用、效率低下、污染和分配不均等问题。例如，中国 2/3 的城市（约 660 座）缺水，而其工业用水效率却相对较低，万元 GDP 用水量比发达国家高 10%~20%。到 2030 年，用水需求的增速将比人口增速更快，特别是经济的快速增长还会加速用水需求的增长。

根据第一章所述，目前有超过 14 亿人生活在江河两岸，他们的用水强度超过了水的自然补给能力。更让人人担心的是，淡水供给也变得越来越不稳定。到 2030 年，全球淡水资源的供需缺口将达到 40%，这个缺口不会以同样的方式在世界各地出现，而是会在一些特定的地区出现。

到 2030 年，受多重因素影响，缺水问题最有可能发生在人口稠密、城市化和工业化发展最快的经济体。除了水资源丰富的巴西和俄罗斯，拉丁美洲的其他地区、西亚、中东和南亚（如孟加拉国、埃及、印度尼西亚、伊朗、韩国、墨西哥、尼日利亚、巴基斯坦、菲律宾、土耳其和越南），预计都将成为增长最快的经济体。除了中国和印度，11 国集团（来源于 Goldman Sachs 集团）中的大部分国家将成为世界上最缺水的地区，其水资源与国家安全的关系将会浮出水面。

世界银行预计，增长最快的发展中国家的经济增长率约 6%。根据人口增长和经济增长的预测，到 2030 年发展中国家的中产阶级数量将达到 12 亿，相比 2005 年增长了 200%。届时，仅发展中国家的中产阶级数量将超过欧洲、日本和美国的人口总和。George Mason 大学公共政策学院 Jack Gold 教授预测，到本世纪中期，全球中产阶级都将有能力购买耐用消费品，如汽车、电器和电子产品（其中很多产品耗水量较大），这些都是发展中国家梦寐以求的。他还画了一张有趣的地缘政治关系图：目前发展最快的 48 个国家（人口增长率达 2%甚至更高）中，28 个国家的大部分人是穆斯林或穆斯林占比超过 1/3。

未来 20 年里，大量穆斯林中产阶级将会出现在发展中国家，带来新的地缘政治问题。在这些地区，人口的增长幅度将很快接近水安全挑战的临界值。

根据第三章，一个国家可以通过国际贸易来发挥其水资源优势。原则上，贸易应该给这些国家提供经济可持续增长的机会,但目前的贸易体系还无法实现这个目标。第三章还探讨了地缘政治发展的结果,是新兴贸易的失败:如果一个相对富裕的国家通过贸易,可以获得所需的"虚拟水"资源,它就会在土地和水资源的双边贸易中做出理性选择。例如,马达加斯加(贫穷而水资源丰富)与韩国,或利比亚与乌克兰之间的水资源贸易。

在这个快速发展的世界里,水、国家和国际安全第一次冲突可能发生在哪？让我们转向非洲之角。

也门一半的人口在 18 岁以下,官员的薪水来自于日益减少的石油储备。更严重的是,也门的水资源预计很快耗尽。像很多干旱国家一样,也门的地下水已被严重超采,每年下降 7 英尺,其中已有 21 个含水层逐年衰竭。

抽水燃料的补贴,进一步助长了农民提取逐年衰减的地下水。水去了哪儿?报告显示,大约 30% 的淡水资源被用于灌溉一年两季的阿拉伯茶。咀嚼阿拉伯茶叶能够产生一种兴奋剂,类似于西方的 1 杯咖啡或 1 根烟(伊斯兰教允许的)。一些水文学家估计,拥有 200 万人口的也门首都萨那,其地下水将在 5 年内耗尽。

如果西方国家不愿看到也门逐渐瓦解,水资源丰富的国家可以向他们出口阿拉伯茶。如此,这个针对阿拉伯茶的"虚拟水"贸易,将会拯救这个即将消失的国家。而这个国家的消失也是因为自己喝茶上了瘾。

在其他地区,由于河流环境的恶化,也可能带来严重的民族危机。中国的环境污染大部分与水有关,每年估计损失 8%~12% 的 GDP。未来几十年,如果中国无法在政治和社会上达成一致,中国政府所面临的生存危机、环境恶化,以及与周边国家的水资源矛盾,将可能成为一个触发点。例如,根据 2005 年的调查,中国 669 个城市中有 60% 缺水,近一半的城市缺乏污水处理设施。因此,未来十年为寻求经济增长,水资源可能会成为中国的一个重要问题,类似于曾经的日本和韩国。不同的是,过去几十年,中国也采取了一系列措施来应对人口挑战。

2005 年,一个生态系统评估报告曾警告过,当环境被严重破坏,一个国家不可能再维持粮食生产或经济增长。未来 20 年,大型跨国企业可能会搬离那些水资源管理不善的发展中国家。类似在过去 20 年里,中国和印度等新兴国家的低工资,对手工制造业具有强大的吸引力。水安全问题难道能够影响国家重大经济决策,进而影响国民经济和国家安全,尤其是在一些发展中国家?

4.3　预测

"水资源冲突,将伴随当前全球经济的紧张局势而升级",联合国教科文组织中心(法律、政策和科学)主任,Dundee 大学的 Patricia Wouters 说道,"当前一些经济衰退的国家采取独立发展的战略,是全球管理体制分裂、公私边界不清和一个地区政治架构衰弱的表现。当水资源短缺开始影响到经济发展时,从广义上来说,其后果可能是相同的。"

到 2025 年,生活在缺水国家的人数将从目前的 7 亿左右增加到 30 亿以上,约占全球预测人口的 35%。最先出现水安全问题的国家将是快速增长的经济体,尤其是在中东和亚洲。未来 20 年,这些国家将会分配更多的水来满足城市、能源和工业部门日益增长的用水需求。正如前面讨论的,当 40% 的水资源被用于灌溉,快速增长的经济体常常被迫要求同时将水资源分配给农业部门、城市市政和工业部门。按目前的趋势,到 2030 年,所有南亚国家都将达到 40% 的警戒线,而中东和北非地区将会超过警戒线,达到 58%。届时,亚洲国家工业用水预计增加 65%,生活用水预计增加 30%,而农业用水预计增加 5%,与欧盟、拉丁美洲、美国和西亚相当。

伴随经济增长的环境污染,将加大水安全挑战。千年生态系统评估发现,水生态系统是目前世界上退化最严重的自然资源。为了灌溉供水和水库蓄水,全球七十条主要河流已接近干涸,包括科罗拉多河、恒河、约旦河、尼罗河、底格里斯与幼发拉底河。在中国,长江和黄河下游也会发生干旱,维持黄河的水生态环境需要保持 1/4 的平均流量,而枯水期河道流量仅有 10%。1997 年黄河流域干旱持续了 226 天,影响范围达 600km,造成的农业损失高达 16 亿美元。

环境破坏带来诸多影响,包括盐碱化、污染、滩地化和湿地丧失。在澳大利亚墨累达令盆地,近 80% 的水资源被用于农业灌溉,生态流量约为 30%,而实际上,近年来墨累河已经没有水流入大海。

在非洲南部奥兰治河的上游,梯级水库总库容已超过年径流量。1960 年,咸海的面积与比利时相当,50 年后,由于水利工程的兴建,它已缩小了 20%,并带来了严重的生态影响,仅 Chad 湖的库容就缩减了 10%。在中国,由于灌溉,从 1850—1980 年,543 个大中型湖泊已经消失。

在许多地方,冰川发挥储水器的功能。中亚、拉丁美洲和南亚的大部分地区,农民生计依赖于冰川融水。喜马拉雅山和西藏的冰川,供养了七条世界上最大的河流(雅鲁藏布江、恒河、印度河、伊洛瓦底江、湄公河、萨尔温江、长江),这七条河流为超过 20 亿人提供了水源。今天,这些冰川正在加速融化,20 世纪 90 年代的冰川融化速度是过去 10 年的 3 倍。尽管这些融雪会导致洪水(流量增加 30%)出现,但在未来几十年里,冰川将永远消失,从而带来深远的影响。

尽管 IPCC 的报告中有一些明显错误,但按目前的趋势,大部分冰川将在 2100 年消失。

● 安第斯山脉:秘鲁,冰川覆盖面积过去 30 年减少了 25%,安第斯山脉的中小型冰川预计在 2100 年消失。

● 中亚:哈萨克斯坦、吉尔吉斯斯坦、塔吉克斯坦、土库曼斯坦和乌兹别克斯坦的淡水主要来源于融雪,以及吉尔吉斯斯坦和塔吉克斯坦山区的冰川。卫星图像显示,这个地区的冰川自 1949 年以来已经减少了 33%,按目前的趋势,塔吉克斯坦的冰川将在一个世纪内消失。

● 中国西藏:冰川萎缩将成为一个生态灾难,大多数冰川将在 2100 年前消失。

● 尼泊尔:冰川每十年萎缩达 70m。

缺水通常出现在水资源经济回报率最低的区域。这意味着,缺水的最初迹象来自生态系统的退化,而生态系统实际上非常依赖于可利用的淡水资源。第二个迹象来自农业,工业在农业之后,而家庭用水的影响通常是缺水的最后表征。由于他们相互关联,且都在一个危机体系里,这种简单的行业划分忽略了一些复杂的关系,比如,农业可能将影响传播给农用工业(或能源生产行业),进而引发粮食安全问题。这一切,也可能加剧不同国家和地区之间的冲突。

为了应对水资源和国家安全挑战,一些国家可能会投入更多的时间、精力和资源来建设更大的供水工程(如中国、印度和约旦规划的各种大型调水项目)。但是,政府在新建大型水利基础设施或采用新技术等方面进行决策时,并非基于良好的微观经济学原理或成本效益分析。这些决策,往往是为了短期的政治利益,而不是为了长期的社会价值。长距离输水的成本实际上也可能很大,这是否又需要更多的能源?如此,我们又需要更多的水源。就像第二章的结论,统筹考虑水资源和能源的关系,提高水资源和能源利用效率,采用综合的解决办法可能会更有效。

随着国家内部和国家之间水安全问题愈发严重,各国之间的紧张关系也可能升级。世界上有 145 个国家依赖于国际河流,占世界 90%以上的人口生活在共享流域内,30 多个国家完全处于跨界流域内。随着政府对水安全问题的重视,流域共享国之间的紧张关系也将加剧。欧洲东南部的巴尔干半岛地区就是一个很好的例子。在这里,90%的国土位于国内河流流域内,这些国家大多数依赖于自己的水力资源。然而,据预测,该区域的蒸发水平将大幅提高,迫使该地区不得不尝试整合能源市场。这些巴尔干半岛诸国,大部分不到 20 年的历史,能否以水安全挑战为契机,增强水资源和能源等敏感领域的合作?

最后,根据一些评论员预见,气候变化和水资源短缺将导致大规模的移民。国际红十字会估计,气候变化或水资源短缺已经造成了 2500 万~5000 万难民,而官方公布的数据是 2800 万。IPCC 报告暗示,到 2020 年将会出现 1.5 亿环境污染相关的难民。虽然目前国际法尚没有环境难民的概念,但这种群众运动可能对人类和政治安全带来深远影响。

4.4　启示

"很多事情，让我学会了如何做一个总统"，Nelson Mandela 在 2002 年的可持续发展世界首脑会议上说，"水是一个国家甚至整个世界社会、政治和经济的中心"。21 世纪中期，世界是否会出现与水资源密切相关的"富国"和"穷国"，类似于 20 世纪的石油？到 2030 年，那些缺乏水安全保障的国家可能会越来越难以生存。所有国家都需要有一个合理的水安全保障措施来吸引投资。水资源不像货币，无法从世界市场上通过一揽子救援计划来偿还历史所积累的债务，实现物理意义上的存取。实际上，水资源破产对一些经济体而言是真正的威胁，紧随其后的可能将是政治的崩溃，前述的也门案例说明了这一点。随着经济增长和社会发展的多元化，拥有丰富水资源的国家将成为投资者青睐的地方。缺水真的会削弱一个国家的竞争优势吗？未来，世界经济论坛是否会在年度竞争力报告中，将国家水资源的波动状况和管理政策进行排名，供投资者参考？

如果在不久的将来一个国家由于缺水而瓦解，虽然有点耸人听闻，但这会被认为是文明的倒退。据记载，历史上确有由于水资源崩溃而导致整个国家消失的例子。中世纪，柬埔寨吴哥的高棉帝国，被认为是最大的未工业化低密度城市复合体，仅有一套供水系统。由于旷日持久的干旱，供水系统崩溃，帝国随之消失。这也被认为是导致非洲南部马蓬古布韦和津巴布韦衰落的原因，还有玛雅、阿纳萨齐和北美霍霍坎城邦。

然而，古代和现代的区别是，早期国家在崩溃前主要是自治政体，大部分国家与外部没有贸易和经济的联系。考虑到水资源可以通过全球经济网络自由流动，如果在未来几十年，一个或两个流域、城市甚至国家由于水资源短缺而崩溃，整个系统应该还能保持不变。但如果多个地区水资源干涸，一个接一个，通过水—食物—能源—气候关系，众多的小崩溃可能汇集到一个临界点，即整个系统的完整性受到挑战，大规模崩溃也将随之而来。在重大粮食危机出现以前，世界上有多少农产品主产区要面对严峻的水资源挑战？市场是如何反应的？"富国"之间的贸易保护措施会变得多么强硬？"穷国"将会发生什么？

水资源丰富的国家，在面对水安全挑战时能够抢占先机，21 世纪能否看到这些国家经济和政治的崛起，类似于 20 世纪石油储量丰富国家的崛起？巴西、加拿大、冰岛、北欧和俄罗斯将得到福祉，而印度、墨西哥、中国和中东恰恰相反。到 2030 年，国际上可能会形成一个强大的水资源交易组织，通过水资源交易保障粮食安全。

4.5 展望

Harvard 大学 Peter Rogers 说过,"缺水是管理危机,而非水资源本身的危机"。水资源分布在地理上不是一成不变的,水资源短缺很大程度需要国家和国际组织共同解决。技术的革新、政策的改革、政治的积极响应、市场的多样化和经济的交叉性,可以进一步改善原始和自然的馈赠。

首先,解决水和国家安全关系中的一个低成本、最有效的方法,是提高水资源利用率,减少国家内部和国家之间的摩擦和冲突。美国的发展表明,人口和经济增长,并非与用水增加并驾齐驱,单头牲畜用水量或单位 GDP 用水量可以减少。通过整合的方式提高水和能源利用率,能够实现双赢。

水资源短缺带来压力,压力导致冲突、种族隔离或大规模移民。面对安全威胁,政府可以进行立法保护,明确概念上和经济上可转让的水权。过去两个世纪里,西班牙部分地区和美国西部干旱地区已逐步建立了水权制度。近几十年,智利、澳大利亚和墨西哥已经建立起了以水权交易为基础的管理体系,巴基斯坦和印度也紧随其后。

水权,允许私人、社区和国家根据需要进行交易,也就是经济学家所谓的"机会成本"。这使人们意识到,水不止一个用途,它还可以用来投资。人们往往会将水资源分配给最有价值的使用者(如那些愿意支付高价的人),而政府需要建立必要的制衡机制,如穷人的安全保障(免费提供最基本的用水,如南非)和生态环境保护屏障(如澳大利亚维多利亚州政府在旱灾期间,从农民手里回购水权,以确保河流生态系统的完整性),然后,才能进行水资源的最优配置,实现社会和经济效益最大化。在这个系统中,政府是交易的管理者以及规则和价格的制定者,这并非一个完全自由的市场。

就目前政治环境而言,建立上述的系统还有遥远的路要走。目前,大多数情况下水是免费分配给所有人。若由少数垄断企业操控租赁市场,将限制竞争,导致国家水安全形势恶化。垄断联盟收取高昂的水费以减少人们的用量,而这失去的水权,垄断联盟并未进行补偿。

一方面,国家可以在沿海地区通过海水淡化的方式"造水",如澳大利亚、几个海湾国家和其他一些国家。这一战略可能增加能源需求,然而这一战略很少统筹考虑水和能源的关系。另一方面,通过改革和技术革新,提高用水效率,发展种植技术,如以色列和美国加利福尼亚州,通过大规模建立滴灌系统,提高用水效率;通过市场,引导更多的水分配给城市,以鼓励农业用水效率的提高。城市也可以选择"进口水",就像巴塞罗那 2008 年所做的那样,但这种戏剧性的解决方案明显是不可持续的,是不能完全解决现存的结构性缺水问题。假如国际市场允许的话,像埃及和中国这样的国家,可以选择进口更多耗水量大的谷物和大豆,而不是试图在国内进行种植。其他国家,如沙特阿拉伯和日本,以"外包"的方式,在水资源丰富的苏丹或马达加斯加租赁土地种植作物。如果运营得当,这不失为一个共赢的方法。

简而言之,水资源短缺的国家和地区,正在积极化解水与国家安全的矛盾,并带头进行政策改革,可能在未来几十年享受经济的三赢:保留和吸引更多公司;吸引更多外来投资建设与水资源相关的基础设施;经济发展后进一步促进水资源管理水平的提高。这将促进国际社会建立一个有利于水资源贸易与协同发展的框架。只有这样,水资源短缺的国家和地区,才能够放心大胆的前进。

4.6　观点

以下列举了当前关于水与国家安全之间关系的各种观点,详细论述了本章涉及的主题。以下观点并不一定代表世界经济论坛的意见,也不一定代表其他参与的个人、公司或机构的意见。

● Claudia Sadoff,世界银行南亚水资源倡议首席经济学家和团队领袖,全球水安全议事委员会(2007—2009 年)委员,探讨了跨境水安全问题对地缘政治的影响。

● Patricia Wouters,联合国教科文组织中心(法律、政策和科学)主任,Dundee 大学,提出了水资源联合体概念,并将水资源联合体作为国家安全的根基。

● Francis Matthew,迪拜海湾新闻编辑,全球水安全议程委员会成员(2008/2009 年),讲述了阿拉伯海湾国家水危机的故事。

● Ralph Ashton,国际碳排放组织的召集人和主席(2010 年 9 月),探讨了未来几十年土地和水资源所面临的挑战,以及国家主权可能受到的威胁。

● John Briscoe、Gordon McKay,Harvard 大学工程应用科学和公共卫生学院环境工程应用系、Kennedy 政治学院教授,分析了巴基斯坦旁遮普省的案例,如何在一个水资源匮乏的区域实现水资源政策体系的创新发展。

2025 年跨界河流的地缘政治

Claudia Sadoff,世界银行南亚水资源倡议首席经济学家和团队领袖,全球水安全议事委员会(2007—2009 年)委员:

全球跨界河流超过 260 条,流经的国土面积占全球一半面积。当两个或多个国家共享一条河流,为了解决政治分歧,他们必须面对一个地缘政治问题:是争夺跨界河流的开发和利用,还是寻求合作进行共享呢?

水资源日益稀缺,越来越多的国家将会开发和利用这些跨界水资源,到 2025 年,3/4 的国家将会重点关注跨界河流。

跨国界河流的开发潜力巨大,共享开发是大势所趋。

然而,气候变化导致河流变化无常、极端事件频发,跨界河流将会变得难以管控。面对共同的挑战,国家应该有所为有所不为,尽量减少干预和污染。

不断增长的用水需求,将导致"河流共享国"之间的紧张关系升级,增加地缘政治风险。但由于他们难以独自应对气候变化、解决缺水问题,因此他们必须合作。

为了满足不断增长的粮食、能源、生活和生态系统用水需求,同样需要合作才能提高共享水资源的利用效率。"河流共享国"之间有三个利益重叠的领域:整合各领域用水模式,促进水的重复利用;减少流域蒸发损失;调洪补枯,确保生态流量。

在水资源管理和利用方面,如今仍有一些误区。从现在到 2025 年,世界将不能再浪费一滴水。减少跨界河流冲突、增强弱势群体保障、并维持生态系统健康,都需要广泛的合作。人口增长、经济发展和气候变化,将带来更多更严重的洪水和干旱,水资源波动带来的风险将会持续增大。

跨界淡水资源纠纷数据库,Oregon State 大学,2010 年

图 4.1　国际河流流域

突如其来的异常天气,除了带来直接影响,还会破坏河流的输送功能。洪水能够输送污水、废物和污染物,而干旱导致河流污染物浓度升高,加剧污染程度。跨界河流国家之间需要密切合作,对洪水和干旱开展共同研究、预测和管控。

跨界河流沿岸国家清楚水资源管理的重要性,但合作所带来的收益往往小于成本。合作的成本较高,但不作为所带来的风险很大,洪水和干旱带来的毁灭性影响不容忽视。

这些风险,正在促成跨界河流沿岸国家达成合作。通过合作,建立全流域的基础数据、信息网络和预警系统,可以更好地管理水资源。随着气候变化越发无常,以往的经验将发挥较小的作用,沿岸国家更需齐心协力。目前沿岸国家有分有合,到2025年,各国可能会在分合之间做出抉择,我们相信一定会看到一个明智的选择。

水资源联合体是国家安全的根基

Patricia Wouters,联合国教科文组织中心(法律、政策和科学)主任,Dundee大学:

"只有通过更广泛、深入和持续的合作,才能实现更大的发展。"(秘书长的报告,2005年)

两次世界大战以后,由主权国家精心设计并认可的《联合国宪章》,旨在促进国际和平与安全,保障所有人的基本自由(《联合国宪章》第一条)。这远大的目标,今天仍在努力实现。这些理念,已经成为国家管理水资源的指导方针。

根据海牙世界水论坛上的描述,"水资源联合体"是指相互依存的利益共同体,从而为跨界河流国家提供一个调解跨界水资源矛盾的平台,建立水安全领域的新兴法律体系。这个水论坛有七大主题:①满足基本需求;②确保食物供应;③保护生态系统;④共享;⑤管理风险;⑥评估;⑦精细化管理。

解决这个巨大难题,必须结合国内外政治状况,并需要付出艰辛的努力。虽然跨界河流连接两个或两个以上的国家,但地缘政治思维倾向于将其分开,划分上游和下游国家;给予某些人山脊而给予其他人山谷;赋予某些人肥沃的土壤和充足的石油,而让其他人获得别的资源。跨界河流为沿岸国家提供了一个合作的机会,但在某些情况下,地缘政治失衡也会导致冲突。

因此,跨界水网串起了整个世界,而水资源联合体为水资源合作创造了平台。这种基于法律和制度的体系(包括一系列实质性和程序性规则,比如数据共享、合作需求)增强了地区和平与安全。水资源联合体涵盖面广,包括个人、地方、区域、国家乃至全世界。它重新定义了风险和利益,鼓励各方挣脱国界、法律和行业保护的束缚,加强水资源合作。

水资源联合体是如何发挥作用的呢?根据《联合国宪章》,法制是国际关系的基本原则和国家安全的核心,每一个主权国家都有责任做一个"宽容忍让、和平相处的好邻居"。为解决世界水安全问题,国际水法建立了一个框架。世界上大多数人都依赖于跨界水资源,解决水安全问题。因此必须以公平和理性为原则,并需要适当的妥协。根据国际水法,每一个国家都有权利并可以公平、合理的利用跨界水资源。假如人口增长在可控范围内,跨界河流沿岸国家就有能力确保水安全。一个国家,应该学会利用国际水法解决国家和地区矛盾,采取有效而可行的解决方案。

通过制定"游戏规则",国际水法给人们带来了希望:①制定与水相关的法律权利和义务,约束和指导水资源开发和管理;②对承诺及履行情况、预防及纠纷解决等进行监管和评估,确保政策连续性和完整性;③不断完善规则以适应需求和环境的变化。通过协商制定的国际或区域法律法规,如 1997 年的联合国河流公约,为地区乃至全球水资源安全做出了突出贡献。维持区域和平与安全、保障每个人的自由,是符合《联合国宪章》的。

水法虽然不是解决全球水安全问题的灵丹妙药,但也必不可少。解决水安全问题,需要一个公开、透明、可信的法律框架,这是水资源联合体链条中的重要一环。

阿拉伯海湾的水:这个故事该怎么说呢?

Francis Matthew,迪拜海湾新闻编辑,全球水安全议程委员会成员(2008/2009 年):

绝大部分与水有关的故事都是关于自然灾害,如洪水、干旱。2010 年夏天,巴基斯坦发生了可怕的洪灾。洪水从山区涌入平原,延续了几个月。随后,国际援助接踵而来,大部分的新闻报道脱离了水故事本身,却着重关注国际援助的承诺是否兑现,巴基斯坦政府是否利用国际援助开展了最佳救援。

洪水和干旱发生频率较高,其中中国和孟加拉国主要发生洪水,非洲主要发生干旱。洪水和干旱通常势不可挡,能够造成严重灾害,而新闻报道更侧重于人类对事件的反应,却忽略了事件背后水资源本身的问题。如果这些灾难场景进入大众视野,大家控制全球变暖的意识可能会更加强烈。极端自然灾害发生时,大多数关于水的故事都是紧急的,正因为如此,水的价值往往被忽略。水从免费的馈赠过渡为有价值的商品,然而一直没有被主流媒体关注。水的故事具有隐藏性,而其他故事,比如饥荒和食物短缺、疾病和流行病、全球变暖,甚至是千年发展目标(MDG),更容易吸引人的眼球。

随着水的故事浮出水面,水资源作为限制人类发展的重要因素,将变得更有价值。富得流油的阿拉伯海湾地区,可以花钱买到各类商品,但却不能发明或买到水。

为了实现经济增长,海湾合作委员会(GCC)国家,期望目前的人口能够翻倍(包括公民和外籍人士)。他们需要更多的水和能源,而邻国像伊朗和伊拉克也缺乏电力和水,因此没有任何进口的机会。由于 GCC 国家降雨少、没有河流,仅有的地下水由于过度开采正在迅速枯竭,海水淡水是唯一的出路,但海水淡化需消耗大量能源。即使在石油储量丰富的海湾国家,能源也是有限的,然而一些地区已经耗尽了能源。海湾国家,正在努力利用核能给海水淡化厂和发电站提供燃料,并让美伊危机不会阻碍他们的计划。

水和电力已经成为制约海湾国家发展的首要因素,但他们的注意力仍集中在寻求更多的能源而不是水资源。水是生活中不可或缺的一部分,只有形成了这种意识,才能将水的故事广泛传播。

水、能源和食物之间的紧密联系,也是故事的重要部分。消除食物浪费,可以节省大量的水。大部分国家的农业用水大多是用来生产食物，而低效的水资源利用以及食物的大量浪费，造成水的浪费。

"虚拟水"概念的提出，也引起了人们的关注。作为指示器，"虚拟水"已经成为国际贸易的一部分。它可以让消费者看到生产一件棉衬衫、一罐甜玉米甚至是一辆汽车，需要消耗多少水。这种易于理解的方式，可以将水的故事通俗地讲给大家听。

未来，就像今天人们谈论碳足迹，他们也会关注"水足迹"。一旦可以精确测量，就可以找到减少它的方法。水的故事进入大众视野，政治家们才会重视，并通过支持节约用水来获得声望和选票，将其发展为真正的全球事业。

土地：解决水资源短缺的另一个战略选择

Ralph Ashton，国际碳排放组织的召集人和主席：

过去，你在哪些方面利用土地？你会很快列出：你的家、道路、餐馆、公园。公共汽车的金属来自国外的矿山，烹饪早餐的能源来源于燃煤、生物燃料、核能或风能，药物来自热带森林。这些土壤和植被，昨天还在静静地吸收二氧化碳，降低温室气体浓度，缓解气候变化。

世界上有大量的土地，但你需要的是有某些品质的土地。这些土地相对平坦、含水率和磷酸盐适当、有植被、有矿产，还具备储存碳的能力。然而，合适的土地已被利用，剩余的土地已退化或荒漠化，水和养分已枯竭。与此同时，每天还有23万人出生，保障粮食安全和减缓气候变化，迫在眉睫。

粮食及农业组织预计，从2003—2050年，人均卡路里消耗将增长11%。到2030年，预计需要增加1.2亿 hm 的土地才能满足日益增长的食物需求，跟南非的国土面积相当。土地从哪来？除非改变土地利用性质，将森林和其他自然土地转变为农业用地，而这也将增加温室气体排放和水资源消耗。

到2030年，改善土地利用方式是应对气候变化的重要举措之一，包括固化森林、草地和湿地的碳，以及恢复自然系统。目前，大家的注意力都集中在发展中国家通过减少森林砍伐以降低温室气体排放（REDD+），而忽视了其他生态系统中的碳排放。即使所有发展中国家的森林得到保护，所缓解的温室气体排放也就减少70%，如果当前的土地扩张趋势（每年1200万 hm）得不到有效缓解，将出现更多寸草不生的土地。假如每年需要削减5亿 t碳（相当于18亿 t 二氧化碳），或到2020年碳排放减少10%，需新增0.5亿 hm（略低于泰国面积）到1.5亿 hm（略低于蒙古面积）林地。

粮食种植用地，是迫切的个人需求；缓解气候变化用地，是长期的集体需求。经再三思考，狭隘的私心可能会诱使你种植粮食。联合国环境规划署在2009年的《环境食品危机》

报告中强调,预计到 2050 年,为了满足需求,粮食产量还需增加 50%,而且这并未考虑到环境恶化和水资源短缺,加上气候变化,这些因素可能导致农产品产量减少 13%~45%。

我们还有足够的适宜的土地吗?

由于学术界和政界对这个问题颇有争议,国家和民间投资者正在用脚投票。在国外土地种植粮食和生物燃料原料的投资(换句话说,投资外国水资源)仍在飞速增长:西欧人在东欧和非洲,海湾国家在亚洲和非洲,日本在巴西,韩国在俄罗斯和非洲。到 2050 年,亚洲人口将占世界总人口的 60%,印度和中国正在非洲土地上进行投资。到 2050 年,随着全球人口急速增长至 92 亿,许多国家需要权衡利弊,在土地利用上做出艰难抉择。

这种做法,可能影响国家主权和私人地权,影响人类获取能量和营养、呼吸空气、利用水资源等权利。正如世界银行在其 2010 年的《全球对农田的兴趣》报告中所述,农业领域跨界投资,可能给土地丰富的国家带来更好的技术、创造更多的就业,但是,如果管理不当,就可能导致"冲突、环境破坏和资源祸根"。

从中长期来看,土地"竞赛"是共存,还是此消彼长?如果能,将有什么变化?如果不能,如何解决这个问题?为了更好地回答这些问题,我们需要从全球和国家层面对土地有一个全面了解。我们需要召集各方人士,在知识和政策间建立一个纽带,共同努力解决利益冲突。否则,再明智的土地管理决策也难以落实,到中世纪,撞车的可能性更大。

水和国家安全的关系:巴基斯坦的例子

John Briscoe、Gordon McKay,Harvard 大学工程应用科学和公共卫生学院环境工程应用系、Kennedy 政治学院教授:

巴基斯坦坐落在印度河干流及其支流,是古印度河文明的发源地。在近代历史上,巴基斯坦利用印度河解决了一系列水资源挑战。巴基斯坦通过建设世界上最大的连续灌溉系统,让沙漠遍地开花;针对旁遮普五河之地建设的水利工程,解决了洪涝和盐度的毁灭性影响。2010 年秋天,可怕的洪水席卷全国,威胁到国家存亡。

我们需要用辩证的思维看待水资源问题,每一次的成功都将产生一个新的问题。巴基斯坦今天所面临的水资源问题,是内外部环境共同造成的。外部的威胁包括气候变化,喜马拉雅山西边的冰川正在迅速融化,而近一半的印度河流量来自于融雪。在局势紧张的印控克什米尔地区,正在兴建的水电站,也必须管控好。即使没有外部威胁,巴基斯坦人均水资源量的持续减少,也必须协调好城市发展、农业灌溉和河流生态之间的关系。

在巴基斯坦,有一个资源甚至比水更稀缺:信任。水资源管理长期以来遵循的是地理逻辑,那就是"上游用户拿走他们想要的,而下游用户将为此付出代价",由此产生的不信任具有流行性和腐蚀性。

近年来,巴基斯坦政府正在通过水权分配系统来解决这个"信任赤字"问题。1991年达成的印度河条约,规定了26条主要水道的配额水量以及不同省份的分配水量。通过一个被称为"warabandi"的系统,将水权从上往下一直传达到农民手中。2005年,政治开明的巴基斯坦政府,将最大最繁荣的旁遮普省灌溉部门的权力从黑暗的橱窗里拿了出来,进行公开化和透明化。过去3年来,旁遮普省灌溉部门网站每周定期发布每条河流的配水情况,及时更新已配水量、盈余或缺水量。这些举措未来还将拓展到支流的水量分配上。

以水权为基础,建立透明的分配体制,成效显著。在保障经济和就业的前提下,他们帮助美国加利福尼亚州和澳大利亚等经济体削减了70%的用水量。巴基斯坦也开始踏上这条安全、高效、成长之路。

制度改革也会带来技术革新,鼓励农民将水权转化为生产力。在旁遮普省涌现了大量一站式私营单位,他们提供信贷、设备、种子和肥料。

改革之路任重而道远。国家必须重振规划和监管,提高决策质量和权利透明度,提升管理水平,整合地表水和地下水,处理盐度和污染。巴基斯坦,特别是旁遮普省,显然已经开始解决水安全问题,但这项改革的最大红利,其实是信任。

第5章

城　市

本章将探讨水与城市的关系。过去 3 年中,许多公共机构、私营机构、学术和非政府组织、以及水资源倡议论坛委员会成员等代表参加了水资源相关的各种论坛和研讨会。本章的观点主要来源于这些代表的论述。

5.1　背景

目前,一半以上的人口居住在城市。人口超过千万的特大城市有 24 个,其中 17 个在发展中国家。中国人口超过 100 万的城市已达上百个,印度 35 个,美国 9 个。到 2050 年,中国的城市化率将达到 73%(目前为 46%),印度将达到 55%(目前为 30%)。联合国预测,从 2005 年到 2050 年,撒哈拉以南非洲的城市化率也将增加近一倍,从 35%(3 亿人)增长到 67% 以上(10 亿人)。

1950 年的全球城市化率低于 30%,2050 年可能超过 70%,而且,1950 年的世界人口是 25 亿,而 2050 年预计达到 93 亿。从 1950 年到 2050 年,城市人口将出现暴增,从 7.5 亿人增加至 65 亿人,增长近 9 倍。城市化是人口和社会发展的重大趋势之一,我们这三代,父辈、自己和孩子,都将经历这个过程。

据预测,到 2030 年 40% 的能源需求增长来自城市及其相关的工业和商业活动;到 2025 年 70% 的食物和纤维需求增长来自城市。新兴的中产阶级将主要出现在发展中国家,其人口预计相当于欧洲、日本和美国的人口总和。他们将是电力、石油、食品、饮料、家电、汽车等商品和服务的主要消费者,他们将掌握时尚、音乐和饮食的发展趋势,所有这一切,都将消耗大量能源和水资源。

历史表明,在快速城市化进程中,如果生活质量(工作、收入和社会包容性)并未同步改善,城市化也将失去意义。随着中产阶级数量急速增长,城市也将成为贫民的集中据点。大都市里的贫民,很容易滋生极端的反政治情绪。20 世纪 50 年代,大量农民工进城,他们的子女作为新一代城市居民,无法体验到自己和孩子生活质量的提高。回想 19 世纪的旧世界,许多体力劳动者被压迫被欺负,导致社会、政治和文化发生了深刻变革,这对 20 世纪西方政治史的影响很大。

在工业化和城市化初期的 19 世纪,一个城市是否成功很大程度上取决于它是如何管理水资源。Victor Hugo 在 1862 年写道:"人类的历史即为下水道的历史,下水道反映了城市的良心"。他的名言,过去如此,今天依然如此。城市居民利用水资源创造了前所未有的成就,而水资源短缺的压力也越来越大。中国在水资源供应和水质污染上的压力,促使经济发展迅速转型。在这点上,中国是优秀的案例。

两个世纪以来,西方国家通过改善供水和卫生基础设施,为民众带来了长期的健康。干净的水源,是减轻人类痛苦和改善城市生活质量的最有效手段,这尤其值得发展中国家快速发展的城市重视。

目前,发展中国家仍有数十亿贫民缺乏市政供水。例如,在坦桑尼亚首都达累斯萨拉姆,不到 30% 的家庭用水是由市政供水提供。贫困家庭购买零售水,相比富裕家庭可能需要支付 10 倍的水价,而且,贫穷家庭获取的自来水水质更差。世界各地最贫穷的城市,厕所和污水处理设施十分缺乏。

许多城市在输水过程中漏失了大量的水,占供水量的 30%~40%。由于这些水可能被贫民获取,通常被委婉地称为非税收损失。在德里、达卡和墨西哥城的输水系统中,2/5 的水通过管道渗出或被非法出售。

中国的 669 个城市中,有 60% 遭受缺水威胁。2005 年,近一半的中国城市还缺乏污水处理设施。由于城市及其腹地往往是发展中国家快速工业化的核心,水质和水量问题都将带来重大挑战。在中国,上海是一个很好的例子。太湖与上海周边的城市无锡接壤,随着化工厂向湖泊排入大量污染物,导致太湖水华爆发,形势不容乐观。

事实上,世界上许多城市都面临着水量和水质的问题。2010 年,一个简单的网络搜索发现,过去 3 年里,世界上最大的 20 个城市中,6 个城市曾报道出现过缺水现象,见表 5.1。

无论大城市还小城市,缺水现象无处不在。以 2007 年为例,美国亚特兰大缺水达 87 天,北卡罗来纳州的罗利达有 97 天。过去 50 年,美国东南部地区人口只增长了 20%,但这些新增居民用水需求的增加,显然超过了农场、矿山和工厂等传统用水大户减少的用水量。2008 年夏天,巴塞罗那不得不通过邮轮从马赛进口饮用水,进口成本达 3 美元/m³,是"平常"成本的 3 倍。

除了水资源短缺和水质恶化,突如其来的洪水也是危害极大。发展中国家的城市排涝系统(尤其是小城镇)无法应对泛滥的洪水,以致城市系统崩溃、经济损失、健康受损。巴基斯坦的洪水就是一个很好的例子。我们应该期望,到 2030 年或更久远,上述所有问题都能够解决。

表 5.1 世界主要大城市近 3 年的水资源短缺状况

城市	人口/百万	缺水报道
孟买(印度)	12.6	2009 年 7 月,孟买遭受了严重的水资源短缺
卡拉奇(巴基斯坦)	10.9	2010 年 9 月,卡拉奇缺水达 7000 万 gal
德里(印度)	10.4	2010 年 5 月,德里南部缺水
马尼拉(菲律宾)	10.3	2010 年 7 月,缺水范围覆盖了马尼拉 50%的区域
首尔(韩国)	10.2	2009 年 3 月,韩国缺水
伊斯坦布尔(土耳其)	9.6	2008 年 7 月,伊斯坦布尔受到缺水影响
雅加达(印尼)	9.0	2010 年 9 月,雅加达缺水程度进一步恶化
墨西哥城(墨西哥)	8.7	2009 年 4 月,干旱袭击了墨西哥城:缺水危机进一步加剧
拉各斯(尼日利亚)	8.68	2010 年 1 月,正在处理缺水问题
利马(秘鲁)	8.38	不是每个人都能获取水
开罗(埃及)	7.6	2010 年 7 月,缺水抗议正在升级
伦敦(英国)	7.59	2005 年 3 月,漏水可能导致缺水
德黑兰(伊朗)	7.3	2010 年 9 月,伊朗经历了 50 年一遇的缺水
北京(中国)	7.2	2009 年 3 月,北京供水系统面临严重短缺

5.2 趋势

"水资源对我们的冲击将比气候变化带来的冲击出现的更早",Hindustan Construction 公司的董事长兼总经理 Ajit Gulabchand 说,"水价偏低在一定程度上鼓励了浪费,并且限制了节水和提高水资源利用率相关措施的投资"。未来 10 年,城市化率将达到 60%,到 2050 年,将超过 70%。这新增的 30 亿城市人口,将进一步增加城市供水和卫生设施的压力。

除去污水处理,发展中国家每年已在供水和卫生设施上花费了 150 亿美元。对于大多数发展中国家,虽然都想建设更多污水处理设施,但由于成本太高,最终只能让废水直接排入水体,污染生态系统,影响下游人群。未来这些形势很可能还会继续恶化。

大规模的城市化,意味着城市供水和污水处理的市场潜力巨大。Goldman Sachs 集团估计,全球供水、污水处理和卫生设施的市场已经达到 4000 亿美元/年,而且还在不断增长。OECD 估计,到 2015 年,全球供水和污水处理设施建设的投资需求将达到 7720 亿美元/年。美国环境保护署估计,在未来 20 年仅维持美国卫生设施运行就需要 680 亿美元/年,新建设施的费用还会更高。根据 OECD 估算,到 2015 年,为了实现水和卫生的千年发展目标,每年将需要 100 亿美元的额外投资。为了收集和处理城市生活污水,发展中国家每年还需投资 1800 亿美元。

这类投资数额通常十分巨大。举个例子,2009 年,国际海外发展官方援助总金额约为 1200 亿美元,但这个援助资金不能全部用在城市供水和污水处理服务上。此外,哥本哈根气候协议呼吁发达国家每年设立 1000 亿美元资金, 帮助发展中国家应对气候变化的挑战。世界银行和经济学家估计,未来 10 年甚至更长时间,为满足发展中国家对清洁能源的需求,每年需要近 3200 亿美元的投资。更糟糕的是,传统捐助大国的经济目前也异常拮据:美国财政赤字大约为 14200 亿美元,英国大约为 3070 亿美元,即使是中国,金融危机后的财政盈余也只维持在 2840 亿美元。如果仍需完成上述任务,只有吸引民间资本并通过某种方式进入这个市场,就像 19 世纪的欧洲和美国。

5.3　预测

按目前趋势,从 1995 年到 2025 年,全球用水总量将增加 75%,其中 90% 来自发展中国家(尤其是城市)。劣质和低效的城市供水,将成为经济增长的阻碍。

由于公共资金无法填补国内投资缺口,因此需要大规模增长的民间融资满足需求。政府需要改革供水管理体系以吸引私人资金,当然这并非意味着供水的非公有制,而是意味着变革,以确保私人投资者的低风险和理想回报率。国际援助也将更多地用于提高民间对公共基础设施投资的收益率。政策改革和国际援助将帮助发展中国家完善信贷政策,鼓励民间资本进入公共基础设施领域。

对于相对富裕的国家,海水淡化是获取水资源的一个重要途径,私营企业对此特别关注,正如第 2 章讨论的那样。

5.4　启示

根据 Dow 化学公司董事长和首席执行官 Andrew Liveris 的观点,"全球水资源可持续解决方案,需要政府、企业和非政府组织共同努力。科技可以净化水质、优化水资源配置,但如果没有一个健全的保障体系,包括水资源管理制度、基础设施、投资、农业/工业/消费以及教育等,科技解决危机的能力将被削弱。"为了吸引民间资本,政府需要改革城市供水的融资方式。

建立广泛的公私伙伴关系,是国家、私营部门和民间社会合作的另一种方式。在供水服务中,公共和私营部门的关系将变得更加紧密。

城市消耗了大部分水资源,反过来,水资源变化也将对经济和政治产生影响。城市是否需要从更远的地方寻找水源? 实际上,从远方调水的成本相对较低,内陆城市应该引水入城,而不是向着水资源丰富的区域扩张发展。

5.5　展望

过去 10 年,拉丁美洲、撒哈拉以南非洲和亚洲的大城市和小城镇,一直都在探索水资源管理和运营的公私合作模式,并对各种类型、不同规模的设施研发投入了大量人力物力。

通过非政府组织、水援助组织、国际救援委员会、联合国发展计划署水与卫生事业部、盖茨基金会等多方努力,一种公共—私营—民间合作的创新模式应运而生,以满足贫民的供水和卫生设施需要。在年度盛会上,比如斯德哥尔摩世界水周,针对城市和城郊贫民供水服务的新思路大量涌现。其他组织如水和卫生发展伙伴关系(BPD),致力于探索和记载这些发现,以寻找最佳解决方法。OECD 和世界银行投入了大量时间和精力来建立监管体系和制度框架,以更好地服务穷人。

私营单位在参与地方投标时,一般倾向以 1 万~5 万人口的小城镇供水为目标。在这方面,哥伦比亚和巴拉圭的经验是成功的,即当地企业通过签订合同,长期聘用当地贫困群体来运行供水服务。企业出资 1/5,剩余部分由国家和政府引导世界银行进行投资。

巴西发明了一种低成本的"共管"给排水管网。通过小口径管道供水、浅沟槽排水,实现社区住户的输排水连通。采用这种"给排平衡"的方式建立给排水系统,有利于管理和征税,还能节省 1/3 的建设成本。

城市贫民水和卫生设施组织(WSUP),致力于向城市贫民提供经济和可持续的供水和卫生服务。在莫桑比克首都马普托,WSUP 与政府和发展机构合作,共同制定可持续的解决方案,这是一个成功的例子。例如,WSUP 通过与社区、投资者协调,扩大供水管网(终端用户达到 17000);同时,WSUP 与政府协调,改善基础卫生设施(厕所和街区卫生)。此外,WSUP 促进政府与消费者之间进行更多地交流,以改革水资源销售的管理方式,从而发展有利于穷人的公私伙伴关系。

针对贫民的供水服务、卫生设施建设、公共—私营—民间合作新框架制定等诸多行动,目前正在开展。越来越多的私营企业家逐渐进入了这个领域,探索企业盈利的模式。David Kuria——一个致力于卫生事业的社会企业家,对此深感兴趣。

尽管有这些努力,然而一些关键的结构性问题仍然存在。考虑到未来 20 年全球城市化的发展速度和规模,以及城市供水和污水处理的投资规模,我们能否获得足够的融资以解决全部问题？目前正在探索的公私伙伴关系和商业模式，能否迅速推广？私人资本能否大幅度增长并进入城市供水市场，尤其是发展中国家？

5.6　观点

以下列举了当前关于水与城市之间关系的各种观点，详细论述了本章涉及的主题。以下观点并不一定代表世界经济论坛的意见，也不一定代表其他参与的个人、公司或机构的意见。

● Arjun Thapan，亚洲开发银行基础设施和水资源高级顾问，全球水安全议程理事会主席，探讨了供水和卫生设施匮乏可能导致社会经济崩溃，尤其是针对亚洲地区的城市。

● Richard Harpin，Halcrow 集团高级副总裁和水资源负责人，关注到发展中国家许多城市所面临的洪水、供水和废水处理等问题。

● Margaret Catley-Carlson，全球水伙伴赞助人，联合国水与卫生顾问委员会委员，全球水安全议程理事会主席（2007—2010 年），认为水资源相关规划与设计上的创新，可以彻底改变许多城市的污水管理现状，特别是亚洲。

● David Kuria，Ecotact 公司的创始人兼 CEO，2010 年度非洲社会企业家，嘉信理财(Schwab Fellow)和阿育王勒梅森(Ashoka-Lemelson)成员，介绍了肯尼亚贫民窟供水和卫生设施的企业解决方案。

● Craig Fenton，澳大利亚 PricewaterhouseCoopers 事务所合伙人及水务咨询业务负责人，探讨了海水淡化保障城市供水安全的可能性。

一个社会经济的崩溃

Arjun Thapan，亚洲开发银行基础设施和水资源高级顾问，全球水安全议程理事会主席，2010/2011 年：

《水和卫生设施的缺乏》，这个标题暗示了即将发生的社会和经济崩溃。然而，事实是怎么样的呢？印度 3.6 亿城市居民平均每天花费 2.9 小时来获取所需的水，7.8 亿南亚人仍然露天排便，亚洲地区的城市卫生设施是如何废弃的？未经处理的污水和废水是如何渗入到的河流、湖泊和地下水中？

虽然水资源的概念不够清晰，但其变化趋势是明确的：水资源短缺和水污染加重，将导致患病人数逐渐增多。

低收入人群能够负担的水资源数量越来越少，买到的水质量也越来越差。由于亚洲地区城市化的速度超过预期，城市中贫民将极度缺水。由于水的价格与其经济价值关系不大，因此工业领域将继续挥霍水资源。水质恶化、粪大肠杆菌将给我们带来更多瘟疫和疾病。

这种世界末日般的情景意味着千年发展目标的落空，以及水利行业"一揽子刺激计划"蓝图的破灭。随着亚洲地区的城镇不得不去更远的地方汲取水源，加上灌溉系统变得更加不可靠，大规模资金将从亚洲撤离。很快这些投资就会转向水资源丰富的地区，正如当今工农业投资青睐能源和交通等基础设施发达的地区。因此，在资金转移之前，我们需要大规模投资建设供水设施。如果供水未得到及时保障，经济将难以发展。

对于掌权和受过教育的人们，用水的不公平性将会滋生更多的焦躁不安和饥饿。当你缺水的时候，你若本身一无所有，自然也没有什么可在失去。长期以来的贫穷，是城市和农场瓦解的一根导火索。

城市公共——私营伙伴关系的建立是希望的象征，例如，在菲律宾马尼拉和印度尼西亚雅加达。柬埔寨金边的国有企业模式运行地较好，老挝和越南的自来水公司正通过商业化收回成本，大量的小型供应商填补了大型供应商竞争过程中产生的市场空白，这个模式是值得推崇的。

目前，越来越多的卫生设施采用差异化的建设方式。印度约 5400 万人口已用上了由 Bindeshwar Pathak 博士开发的双蹲式和冲水马桶。在越南，当地政府正在帮助居民，让农村和城市达到共同的卫生标准。菲律宾马尼拉的特许经营者正准备采用招标的方式，大力投资特大城市的污水收集和处理设施，力图恢复濒临死亡的水生态，缔造一个更健康的投资环境。

公共事业领域的专家，正与印度、菲律宾、越南、斯里兰卡和柬埔寨等薄弱国家开展合作，以帮助他们增设公共设施。相关设施改进后，财务业绩得到改善，此时，才容易说服地方政府实施结构性改革，提高资源利用率、提升消费者满意度、延缓开发新水源的投资。

未来 25 年，水资源和卫生设施的缺乏将成为亚洲社会经济发展的制约因素。

现代城市的致命洪水

Richard Harpin, Halcrow 集团高级副总裁和水资源负责人：

城市水安全的影响因素众多，除了炎热和干旱，还包括洪水的肆虐，正如 2010 年巴基斯坦毁灭性的洪水。

洪水是自然现象，也是人类活动的结果。洪水往往带来破坏和损失，特别是在城市。随着城市化的发展，行洪通道被占用，洪水泛滥程度将加剧；通过硬化屋顶、道路和人行道，阻塞了洪水的天然通道；通过建立排水沟，让雨水更快地汇入河流。由于地面和沟渠硬化，小暴雨也可能产生大洪水。随着越来越多的人涌入城市，这些影响还将加剧。

　　城市已饱受发展失控、人口爆炸、基本服务匮乏、基础设施缺乏、土地稀缺、健康和卫生条件不良、贫困、以及排水设施短缺的摧残。随着城市洪水、粪便和其他有害物质对水体造成长期污染，水源性疾病的患病风险大大提高。

　　许多城市的贫民被迫生活在危险的地方，如在河漫滩上建设自己的家园、种植食物。他们把房屋建设在陡峭、不稳定的山坡上，或在红树林沼泽周边，或易受洪水淹没的滩涂。

　　虽然每次洪水过程都不尽相同，但城市洪水爆发的根本原因是相似的：湿地、沼泽和自然缓冲带的破坏；无序的大规模地面硬化；公园和绿地面积的减少；狭小的排水系统常常被垃圾堵塞等。

　　孟买，印度核心城市，贡献了 1/6 的全国所得税和超过 1/3 的企业所得税。2005 年的一场洪水导致这个城市瘫痪数周。由于洪水上涨，排水系统崩溃，2000 万人的生活受到影响。其间，洪水导致 1200 人丧生，26000 头牛死亡，14000 座房屋摧毁，50 万 hm 土地颗粒无收，20 万难民，道路和桥梁损失达 2 亿美元。

　　雅加达，印尼中心城市，位于沼泽地里，有十三条河流汇入。由于人类活动，如地下水开采、大体量混凝土建筑导致地基沉降，加剧了城市洪水。2007 年 2 月，洪水达到 11.2m 的历史新高，3/5 的城市遭受破坏，40 万人遭受影响。

　　马尼拉，从 1940 年至 2000 年人口增长了 10 倍，给水资源带来巨大压力，反过来，也增强了洪水的严重性和持续性。马尼拉增加的人口大部分来自农村地区，由于高房价他们买不起房子，只能在城市边缘的非住宅区寻找住处，或在河流、运河和排水沟的岸边建设房屋。这些临时住房侵占了河道，阻塞了维修通道，降低了河道行洪能力，产生了巨大隐患。

　　阿根廷布宜诺斯艾利斯，随着过去几十年城市的迅速扩张和发展，现有的排水系统已无法满足泄洪需求，导致洪水泛滥成灾，扰乱了社会秩序，造成经济损失。1985 年 3 月，一场大风暴引起的洪水导致几个人淹死。为了控制洪水，他们建立了一个复杂的模式，该模式不仅涵盖排水网络，还包括在"高处"建设输水通道，"低处"建设储水器，在泵站的末端设置污水存储设施，同时监控上游集水区的水文情势。

　　在一些易受影响的城市，洪水现象日渐普遍。洪灾不仅能够阻碍一个城市的发展，还能影响周边地区甚至整个国家。科学的管理有助于提高城市应对洪水的能力。为了保护人类的生存环境，提高国民经济恢复能力，发展中国家必须积极提升城市防洪管理能力和水平。

亚洲地区城市的污水改革：串联用水系统的概念

Margaret Catley-Carlson，全球水伙伴赞助人，联合国秘书长水与卫生顾问委员会委

员,全球水安全议程理事会主席(2007—2010 年):

目前,亚洲的水资源保障体系有明显缺陷。由于决策者、规划者和投资者的态度是"无回报不投资",因此环境卫生领域方面的投资很少,这种观念急需改变。

新建或扩建系统的高昂成本是投资的主要阻碍,特别是在大城市里。采用传统手段意味着需要数英里的管道来收集、输送,并进行污水处理。水资源输送和废弃物处理,需要消耗大量能源(通常占市政能源消耗的 30%~40%),因此必须通过创新减少能源消耗。

从系统的角度来看,通过废物利用也可获取一定能量和资源。但目前的技术和规划,依然难以实现大规模的资源整合和成本分摊。新的技术将创造新的可能性,例如,结合新系统的设计,生物膜的发明为废物利用提供了可行性。

"串联用水系统"的潜力巨大,首先干净水用于饮用和个人使用,下一级可用于农业、城市和工业,然后再回收或返回到自然环境中。污水依然可被用于农业或环境保护,以提供能量或营养。

城市污水处理设施的新建和旧设施的改造,可被设计成模块化的串联系统。这些模块化的设计组成串联结构的条件是,"足够干净地用于下一级使用者"。

水与健康、农业或气候息息相关,但目前还没有专门针对水资源的国际组织。新的理念必须通过正规的、专业的网络进行大规模扩散,而承担关键角色的政府官员并未意识到这些新技术的重要作用。工程师往往与工程师交流,城市管理者一般与官员交流,而这其中需要一些创造性的交叉交流。

针对占世界总人口 62%的亚洲,尤其特别需要开展宣传,以期尽可能广泛的传播和接受新的水资源管理理念。从亚洲实践中吸取的经验,可以推广至东欧、非洲、中美洲和拉丁美洲。

转变城市污水的规划和设计,可以破除技术壁垒,实现目标。然而,决策者往往无法充分意识到改变的可能性,金融机构的投资决策仍然沿用当前的传统,政治家往往对卫生设施和污水处理的相关项目避而远之。亚洲 90%的废水未经处理直接排放,对水资源造成污染。此外,目前的处理方法耗能高、成本高,难以维持污水处理厂的运营。

采用民间资本建设肯尼亚贫民窟的供水和卫生设施

David Kuria,Ecotact 公司的创始人兼 CEO:

非洲不仅未能实现供水和卫生方面的千年发展目标,反而变得更加落后。为了达到千年发展目标,需要在 5 年内改善超过 4.04 亿人的卫生设施,需要满足 2.94 亿新增人口的饮水需求。如何才能实现这个目标?让我们来探讨一条新的出路。

在肯尼亚,水资源已被过度开发和污染。2005 年,肯尼亚 3200 万人口中有 39%无法获得安全的饮用水，62%缺乏卫生设施。在拥挤的贫民窟，排泄物的处理设施都很少，更别说垃圾收集处理设施了。学校的卫生设施也是十分缺乏：三百个孩子共用一个厕所，因此疾病的传播影响了孩子上学，破坏了正常的教育秩序。在内罗毕郊区，仅有1/4的幸运居民拥有良好的蹲坑式厕所或者是抽水马桶，而剩余的人什么都没有，或只能与邻居共用。到了晚上，妇女只能冒着被强奸的风险去远处上厕所。

在非洲，随着农村人口涌入城市，过去的供水、污水处理和卫生设施跟不上日益增长的需求。针对此，非洲已经找到了一个好办法，即通过小额融资机制改革和公私伙伴关系建立，解决社会经济问题，造福贫民和边缘人群。

Ecotact 公司就是一家这样的社会企业，通过"厕所"项目，帮助肯尼亚城市贫民窟建设供水和卫生设施。这个"厕所"项目，旨在针对 20 个城市的中心区域，为居民提供方便、卫生、可持续的安全供水和卫生服务。目前服务对象达到了 1000 万人/年。这不仅为年轻人创造了两百多个就业岗位，而且转变了市政供水和卫生设施建设的决策思维。总而言之，这个项目的目的就是改造和恢复卫生设施，让城市居民拥有尊严，并改变公众对厕所的态度。

在满足日益增长需求的同时，Ecotact 公司开创了多元化的经营方式。"厕所"项目中，除了提供干净的厕所、淋浴和饮用水，还包括了饮料、报纸、预付电话卡和擦鞋等服务以吸引客户消费，分摊运营成本。

Ecotact 公司通过建设—经营—转让(BOT)模式与当地政府开展合作。这种模式已广泛应用于大型基础设施建设项目，同时也适用于分散式卫生设施建设。这种模式能够分担风险，确保资金回收，强化运营和维护，获取一定利润。它强调创新收入来源以弥补支出，确保卫生和供水不是短暂的服务，而是长期的健康设施和生产力。

城市供水安全和海水淡化

Craig Fenton，澳大利亚 PricewaterhouseCoopers 事务所合伙人及水务咨询业务负责人：

水资源日益短缺，而用水需求快速增长，由此带来的影响迅速蔓延。城市供水规划，需要一个更宏观的视角。

这给水利和规划部门带来了挑战和机遇。供水项目的成本很高，因此供水部门过去一直在改革定价策略，将成本最终转嫁到用户身上，并尽量让用户的支出能够完全涵盖成本，而这是难以实现的。

与此同时，技术进步带来了更多满足用水需求的选择。这些措施包括海水淡化、废水处理回收和水资源"分级"使用，以及需求管理、水资源循环综合管理方案。

由于气候变化，以及降雨带来的诸多不确定性，脱盐技术在过去 10 年里迅速发展。技术革新大幅降低了海水淡化成本,某些情况下海水淡化成本与其他供水方式相当。

海水淡化:应对气候变化的特效药?

20 年前,海水淡化主要出现在能源富庶但水资源匮乏的海湾国家,以及一些水资源匮乏的偏远地区。相比水库和地下水等传统大型供水方式,海水淡化的成本是极其昂贵的。过去,很少有供水公司将海水淡化作为一个"常规"的发展战略。而现在,海水淡化已经成为众多供水公司的发展战略之一。各个大陆都建设了海水淡化工厂,如美国、亚太、非洲、中东、欧洲和加列比海区域。

目前,全球有 13000 多座海水淡化厂,但规模均相对较小。这些工厂每年生产超过 4500 万 m³ 的饮用水,虽然占全球总淡水利用量的比例不到 0.5%,但这也是相当大的水量。

澳大利亚对干旱及气候变化的认识深刻,其水资源管理体系也是最先进的。大规模发展的海水淡化厂几乎覆盖了所有城市。澳大利亚维多利亚州的首府旺萨吉,墨尔本附近的一个沿海小镇,坐落着世界上最大的海水淡化厂之一。日生产能力超过 40 万 m³ 的海水淡化厂,需要国内外投资者、基建公司、海水淡化公司与当地政府开展广泛的合作才能建成。

生物膜技术的发展使海水淡化成本显著下降,使大中型海水淡化厂与其他供水方式相比更具竞争力。海水淡化成本取决于规模、能源等因素,还有原水水质、供水管网基础设施,以及原水流入和盐水流出的结构组成,成本为 0.60~0.80 美元/m³。例如,最近一项针对全球 300 多个海水淡化厂的研究表明,不同的规模和处理技术,其处理水的成本为 0.50~2.00 美元/m³。

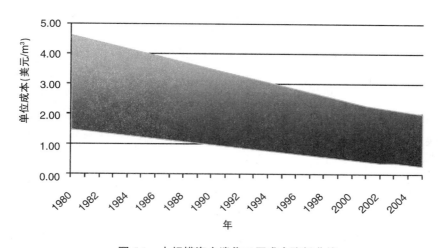

图 5.1 大规模海水淡化工厂成本降低曲线

海水淡化需要大量投资。两个类似项目在成本回报上差异较小时,但其总成本存在明显差异。海水淡化被看作是与气候无关的供水方式,这使得一些人认为,海水淡化是未来水资源供应的首选。

海水淡化有很多吸引人的地方，但也有一些局限。对于规划和供水部门，客观评估所有可能的选择至关重要。首先，海水淡化需要盐水或含盐原水，对于沿海地区，海水是首选；工厂选址需要着重考虑海水的入口和出口，这些"连接"结构可能造成整个工厂的成本造成显著增加；同样，我们需要严格管控与超咸水排放相关的环境风险。内陆地区也可能找到合适的原水，例如，在德克萨斯州埃尔帕索，淡化厂的含盐水源就是来自地下水，显然并不是所有地方都适用该方式。

其次，工厂规模仍然是决定工厂整体成本的重要因素。据估算，当工厂达到20000m³的日生产能力时，成本将显著降低。规模越大的工厂，成本可能越少，但若没有充分利用，输送原水的距离较远，单位体积盐水淡化的成本可能更高。例如，一个海水淡化厂的成本是0.60美元/m³，其中2/3是固定成本，在这种情况下，假定一个海水淡化工厂的日生产能力低于20000m³，有效成本将会显著增加，如图5.2所示。

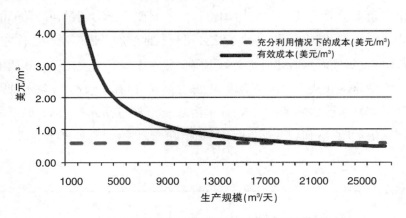

图5.2　规模对海水淡化"有效"成本的影响

最后，海水淡化需要大量可靠能源。能源成本占海水淡化成本的35%~40%，淡化1m³水所需的基础能量约为4kWh。这就要求当地提供充足的发电量和能量传输/配电容量，以满足海水淡化的能源需要。未来几十年，温室气体排放将制定更严格的条件，基于化石燃料的能源成本可能增加，海水淡化的能源成本风险也将大大增加。

近期，一些海水淡化项目与可再生能源项目共同建设，如风力发电，是降低这种风险的一种措施。在澳大利亚、珀斯、墨尔本、悉尼、阿德莱德和黄金海岸地区，已建或在建的海水淡化厂都由"绿色"能源提供能量。这虽然带来一个预付能源的成本，但避免了未来征收碳排放税或能源限额交易的风险。

海水淡化将在世界各地的供水系统中发挥越来越重要的作用。海水淡化战略如果要成为供水首选，就必须开展持续的评估，只有这样才能给决策者和用户信心。

第6章

人 民

　　本章将重点针对发展中国家,探讨水与人民、健康、生活之间的关系。过去3年,许多公共机构、私营机构、学术和非政府组织等代表参加了水资源相关的各种论坛和研讨会。本章的论述主要来源于这些代表的观点。

6.1 背景

　　古兰经说:"水,让一切充满生机"。

　　今天的现状是:

- 11亿人尚无清洁的饮用水使用
- 26亿人缺乏足够的卫生设施
- 每年180万人死于腹泻病
- 每天3900个孩子死于水传播疾病

　　国际组织设定了一个目标,即改善全世界穷人的用水环境,这也是千年发展目标的第7项目标10,具体指,与1990年相比,到2015年全球缺乏安全饮用水和基本卫生设施的人口将减少一半。大家都开始意识到,改善供水条件和卫生设施是实现与贫穷、饥饿、男女平等、健康、教育、环境恶化等相关千年发展目标的基础。

　　联合国开发计划署2006年发布的人类发展报告,以水和卫生设施的挑战为重点,直截了当地指出"剥夺用水和卫生设施的权利,是威胁生命、剥夺机会、损害人类尊严的另一种表现形式"。全球由于个人卫生和环境卫生不良而死亡的总人口,超过了艾滋病和疟疾致死的人口总和,甚至比任何一次战争枪杀的人口还要多。污染的水和恶劣的卫生条件导致每年180万儿童死于腹泻,即由于腹泻平均每天大约500名儿童死亡。目前,缺乏可用的水资源及卫生设施是儿童致死的第二大原因。

　　由于水不干净导致的腹泻,是人类最大的杀手之一,其致死人数达到儿童艾滋病致死人数的5倍。水不洁净和卫生设施恶劣将导致人们生病以及生产力下降,带来的经济损失可达到生产总值的 2%，这一比例在撒哈拉以南非洲区域将上升至 5%，而那些受到境外资助地区的这一比例相对较低。讽刺的是，通常发展中国家穷人需要支付更高的水费，却只能获得质量较差的水。据统计，最贫穷人民支付的水费特别高，甚至达到富裕家庭的 10 倍。

目前全球总援助预算中，水和卫生设施部门援助的比例不到 5%，从而导致离千年目标实现每年还有超过 50 亿美元的差距。这个问题不仅是发展中国家的挑战，也是许多发达国家面临的挑战（水利基础设施老化的问题）。2009 年，美国由于水利基础设施失效导致患病的人口，比全球患甲型 H1N1 流感的人口还多。

6.2　趋势

"从全球角度来看，我们人类的用水模式是不可持续的"，全球水合作企业的赞助人 Maggie Catley-Carlson 说，"为什么会这样呢？主要原因是人口在不断增长，社会在不断发展，然而水体却受到污染。我们可以简单算一下，今天我们拥有的水量与恐龙时代或恺撒大帝时代是差不多的，但是全球人口却由恺撒大帝时代的 40 万增长至 65 亿，并直逼 85 亿。同时，随着社会的繁荣发展，很多地方的人均用水量达到了 2500 升/天"。

2010 年 9 月，美国纽约的一个重要会议评估了千年发展目标实现的进展情况，其中包括了水和卫生设施相关的目标进展。在水资源目标方面，通过改善供水设施可以使其千年发展目标逐渐实现，当然某些地区还需继续努力。2010 年的评估结果显示，按目前的趋势，到 2015 年全球将达到甚至超额完成饮用水的千年发展目标，发展中地区约 86% 的人口将获得质量改善的水资源。令人高兴的是，届时非洲北部、拉丁美洲和加勒比地区、东亚、东南亚等 4 个地区已基本实现千年发展目标。其中中国的经济增长，可使获得优良供水服务的人口数量大大增加，从而有助于实现上述全球目标。

最新的评估显示，在获得优质供水服务方面，农村和城市居民之间的差距日益扩大。从全球来看，缺乏优质饮用水源的居民中有八成住在农村地区。即使在优质饮用水源覆盖率相对较高的地区，如西亚、拉丁美洲和加勒比地区，城市和农村地区之间的差异同样十分显著。值得注意的是，根据 2010 年的评估，若仅统计具有管道直饮水的家庭，城乡之间差距似乎更大。例如，城市地区基于优质水源在健康和经济方面获益的人口比例高达 79%，是农村地区（34%）的 2 倍。

随着 1990 年以来城市化快速发展（如前章所述），大量人口由农村迁移至城市并获得管道自来水的供应，进而促使水与卫生设施的改善。然而，在未来几十年，如果城市配套服务设施没有跟上新移民的需求,将会出现更多的挑战。

城市化带动了供水设施的普遍改善,与此同时,随着人民生活用水与工农业用水的相互影响,大家开始关注水质问题。例如,根据最新千年发展目标评估的结论,过去10年农业和制造业的繁荣发展不仅增加了用水需求,同时还导致了地表水和地下水的污染。从南亚的孟加拉国和一些其他国家发生的自然无机砷污染事件中,我们得到一个启示,即未来在城市和城郊,水污染追踪和监测、水质分析及水污染影响研究等方面的技术将会迅速发展。

例如,千年发展目标评估结果表明,未来制定饮用水安全目标时需要同时考虑水质标准。尽管目前大家都在收集全球范围内的水质数据积极行动,但评估指出,迄今为止水安全相关监测仅在试点地区实现,在发展中国家仍难以实施。2010年千年发展目标报告结论指出,为了实现快速、可靠、经济的现场水质监测,并在全球范围内共享监测数据,需要投入大量资金来克服当前的技术瓶颈与物流制约条件。目前全球创新发展的大趋势,为实现经济、准确的水质监测和污染追踪提供可能性。

卫生设施方面的进展更不乐观,与千年发展目标相差更远。2010年9月评估的结论指出,当前发展中地区有一半的人口不具备卫生设施,甚至2015年的目标似乎也难以实现。正如前面章节所述,建设足够的、满足需求的城市污水处理设施,同样需要投入大量资金。卫生设施改善方面的挑战也与城镇化的快速发展息息相关。

根据2010年千年发展目标的评估成果,1990—2008年整个发展中国家的城市卫生设施覆盖增长率只有5%(农村地区达到43%)。在南亚地区,城市人口的卫生设施覆盖率从56%上升至57%,仅仅增加了1%。因此,南非地区城市的卫生及废水管理,将会成为未来千年发展目标——环境卫生改善的关键"战场"。

在常规的卫生评价对象中,2010年千年发展目标对威胁人类健康最大的行为之一——露天排便进行评估。虽然与1900年相比,所有发展中地区露天排便行为有所改善,但世界上最高的露天排便比例(占总人口的44%)仍在南亚。报告指出,随地大小便是导致粪口传播疾病的最根本原因,并对社会中最弱势群体——如幼儿、病人、老人造成致命后果。因此,降低露天排便比例可预防腹泻疾病及其导致的发育迟缓和营养不良,从而极大减少儿童的死亡。

随着资源调配、政治意愿以及发展远景等方面挑战的出现,在城市的卫生及污水处理部门,银行担保项目将成为关键——此类项目能够吸引大量的私有资金,用于填补发展中国家尤其是南非基础设施投资的缺口。

6.3　预测

由于城市化进程在未来 20 年将持续快速发展,从总趋势来看,2015 年水资源服务改善方面的千年发展目标似乎能够实现。然而,2030 年面临更大的问题将是,如何对城市地区的服务交付系统进行改进。在供水服务改善方面迈出了第一步后(总体上说,从农村未提供服务的状态到市区提供一定服务的状态),若接下来的城市基础设施投入仍然长期不足、以及城市人口愈来愈多,那么未来很可能将面临服务改善停滞的风险。

采用相同的方法预测卫生设施方面目标的实现情况。由于大量人口涌到城市,加上污水处理设施普遍缺乏,导致 2015 年卫生设施方面的千年发展目标实现可能性很小。更糟糕的是,在城市卫生及污水处理设施建设的总体资金链中,若资金的投入量没有显著提高,那么全球发展中国家的城市卫生条件可能进一步下降,2030 年面临的形势将会更加严峻,这可能是目前影响人类健康、财富和生活的最迫切问题。从地区分布上来看,若按照当前的投资力度,将来最有可能是南亚地区的城市面临这一挑战对其社会、经济和政治的冲击。

6.4　启示

实现水资源尤其是卫生设施方面的千年发展目标,具有一定的经济意义与社会意义。估算结果表明,若实现上述目标,每年将带来 380 亿美元的经济效益。研究表明,在水和卫生部门每投资 1 美元,将在成本节约和生产率提高等方面创造 8 美元的价值。此时,问题就集中在如何将政治意愿与财政革新相结合。

值得注意的是,2010 年评估成果显示实现卫生设施方面千年发展目标的政治意愿是不高的。如果掌权者拥有自来水和厕所,那么这方面改善的政治意愿将十分低。然而,随着经济的持续增长,这些政策可能会瞬息万变。对于南亚的第二代城市居民,他们能够接触到互联网与手机,但却没有足够的厕所,民心动荡不安,这将成为未来亚洲领导人解决此问题的有效政治推动力。卫生设施和污水处理设施短缺,可能导致了 1~2 次的大范围疾病暴发,进而影响到一批亚洲地区城市的穷人与中产阶级,这将为改革提供重要的政治推动力。海外的投资者由于不良的污水处理服务,开始撤销或缩减在某些城市和工业园区的投资,这将成为改革的关键影响因素。

解决此问题需要数量巨大的投资,这是另一个需要重点考虑的间接影响因素。历史上曾发生过一些类似案例,如早在 19 世纪,在经济发达的国家,人们逐渐认识到城市工业化对人类健康产生危害,从而迫使水与废水处理提上政治议程,最终这些国家在环境卫生方面投入了大量资金。根据 1842 年英国劳动人口卫生状况报告,"每年由于不良卫生丧命的人口数量,远大于该国任何一次现代战争中死伤的人数"。同时,这份报告进一步建议,每家每户都应安装独立的水龙头和厕所,由市政提供干净的水,并下接污水排水管。

当前,大部分政府的财政已捉襟见肘,那么如何筹集资金并用于上述投资,也是一门有意思的学问。对于新建基础设施的投资,新的融资方法发挥了至关重要的作用。19 世纪城市面临的挑战是, 如何在不增加税收的情况下, 从有限的税收中支付大量的预付款。一般中央政府通过债券市场进行政府借款,然后提供低息贷款。事实上,到 19 世纪末,英国在水与卫生方面的投资已达到其地方政府性债务的 1/4。然而,成本效益分析显示这种债务负担是值得的。穷人健康带来的政治、经济和社会效益,远大于他们生病所损失的效益。如果政府可以有效利用金融市场,且能够承担相关风险,那么这些投资将是可行的。

两百年后的今天,我们能够从这个案例得到一些启示。针对南亚地区城市的决策者,在其改善供水和卫生服务的政治意愿被激发后, 这些国家及地方政府该如何筹集国际资本市场的投资? 国际金融组织在这方面又能发挥什么作用? 能否将按时实现 2015 年千年发展目标的援助增加承诺与国家相关政策结合, 致力于实施以增加投资为核心的财政革新,为城市贫民实行一个"蓝色新政"?

正如 2010 年千年发展目标评估中所强调的,回答上述问题需要大量的数据支撑。这也是政府领导人在实施任何一个重大投资计划时,所需考虑的非常重要的问题。他们需要与老百姓建立顺畅的沟通渠道,从而让大家都知晓目前所处的阶段。这也是为什么我们需要制定计划,通过这个计划可以明确什么时候、以什么方式能够达到什么样目标。与此同时,在计划实施过程中,我们需要建立更好的技术分析方法,帮助政府优选出最具成本效益的投资,并从污水处理部门公开的技术清单中选出最合适的技术(如,新的措施应能切实解决已经存在的问题,而不仅仅是简单地建立新设施)。

由此可见,上述所有的问题都涉及金融、大数据、技术分析方法等。越来越明显的是,在政府投资议程推动方面,私营部门和私有资本市场将发挥重要的作用。

6.5 展望

一个政府若具有较强的领导力,则通常可以顺利实现改革。20 世纪 90 年代,乌干达实施了水资源政策改革, 分配给水资源方面的预算占公共支出的比例由 1997 年的 0.5%上升到 2002 年的 2.8%,供水覆盖率由 2003 年的 39%上升至 2006 年的 51%。摩洛哥也发生了类似的情况，1995 年开始实施农村水利改革，目前摩洛哥供水覆盖率已显著增加至50%，并带来一系列经济效益。地方政府的领导力同样可以发挥重要作用，以下是一个具有完整记录的成功案例，柬埔寨金边水利局原本的供水系统饱受战争蹂躏，十分破旧，既没有水源也没有用户，如今转变成为一个现代水资源利用公共部门，能够连续不断地提供饮用水。其他许多地方政府都发生过类似的成功事例。因此，改革是可能的。

国际援助组织通过提供信贷，帮助各国发展经济，从而实施上述改革。提供信贷有两种方式，一是通过各国国内资本市场将私人投资引入公共水利基础设施建设中，二是通过制定其他各种公共财政制度。早在十年前，国际货币基金组织的前负责人 Michel Camdessus，在全世界范围内寻求水资源方面的投资。在如何协调公共与私人资本以提升水及卫生部门的投资方面，该工作组报告提出了许多很有前瞻性的建议。十年过去了，目前一些国家的政策才开始采取工作组报告的一些建议。公共部门和私营部门的决策者可能开始愿意尝试水与卫生部门的投资，并把其中一些创新的想法付诸于实践。

目前，世界上一些新技术和新商业模式正大量涌现。新的膜技术意味着污水处理厂可以本地化、小型化、安全化。发展中国家的厕所建设，可能是一个价值数 10 亿美元的市场；采用清洁能源/无水能源的海水淡化厂或污水处理厂建设，同样是个巨大的市场。"对于洁净水和卫生设施等公共物品，是不会形成市场垄断的"睿智基金总裁及创始人 Jacqueline Novogratz 认为，"随着社会经济的发展，市场中需要出现风险投资的替代投资。当前市场正经历着许多新思想的爆发"。

目前，一些发展援助机构、基金会、慈善机构和私人部门在以下方面经历着改革和创新，一是如何最大限度地使用政府发展援助资金和其他补助金；二是如何更好地为农村和城市的穷人提供供水服务；三是在新的伙伴关系中，如何更好地与政府合作，从而在自来水和卫生设施服务交付方面打开市场，以获取新的投资机会。在改革过程中，海外援助、慈善机构和私人捐助发挥了无可争议的作用，但公私部门与民间团体之间仍需要更实质性的合作，从而帮助政府领导改革，包括供水和卫生服务融资方面的改革、以及新商业模式方面的改革。可以肯定的是，未来上述不同部门间的相互联系将会越来越紧密，并在改革中发挥作用，正如世界经济论坛(以及本书中)中显示的发展趋势。

为了加快改革日程，我们需要尝试实施一系列新的公共—私营—民间合作计划，从而形成一定合作规模。其中许多新的技术有待开发。一般来说，在一个新想法的初始试验阶段，大量的政府发展援助资金和慈善资金将被投入到"高风险"的创新中。试验一旦成功了，将会吸引更多的优惠贷款或私人资本投入，同时成功开展试验的企业及相关项目将开始快速发展。显然，目前水资源和卫生领域正经历着新思维的爆炸，但仍缺乏里程碑式的突破——如针对亚洲地区城市的规模化污水处理技术的创新。未来 20 年供水和卫生部门需要的,可能是市场中与风险投资、私募股权资本类似的替代投资——通过投资来促使新想法的实现并形成规模,然后推动新型公司扩大规模,从而可以更广泛地参与市场。对于许多供水不足、水质污染、卫生条件差、缺乏污水处理设施的老百姓,在上述模式运作下,将很快能够实现水与卫生领域的目标。

6.6 观点

以下列举了当前关于水与人类、健康、生活之间关系的各种观点,详细论述了本章涉及的主题。以下观点并不一定代表世界经济论坛的意见,也不一定代表其他参与的个人、公司或机构的意见。

● 水援助组织首席执行官 Barbara Frost 提出,在发展中国家,水及卫生设施的挑战与人民的健康、生存息息相关,实现水和卫生方面的千年发展目标特别重要。同时,她认为当前正处于水危机中。

● Hindustan Construction 公司董事长兼总经理 Ajit Gulabchand 指出,当前存在的一个问题是,在通过完善供水和卫生服务以改善穷人健康及生存条件方面,政府的实施能力和控制能力都相对较弱。

● 南非圣公会大主教 Thabo Makgoba 认为, 获得洁净水对人的身心都十分重要,并支持免费获得洁净水。

● 世界厕所组织创始人兼董事 Jack Sim 列举了一个社会企业家采用的方法,该方法不仅解决世界贫困人群面临的卫生危机,还把这个危机变成了一个市场机会。

当前正处于水危机中

水援助组织首席执行官 Barbara Frost:

以下内容来源于 2010 年 3 月 22 日联合国大会上 Barbara Frost 的讲话。

水援助组织是一个国际非政府组织,在非洲、亚洲和太平洋地区的一些世界最落后的城市中,与一些最贫穷偏远的社区联合工作。在这些区域,许多千年发展目标是难以实现的。

当你对穷人的需求开展调查时, 会发现水的需求总是排第一位的。 妇女们都认识到,脏水导致她们的孩子生病。如果安全的水源离她们家园很近,她们就不用每天花大量时间来获取洁净水,从而可以腾出时间去谋生。此外,当灾害发生时,饮用水和卫生设施的缺乏将会成为致命的问题。在海地, 获得安全的饮用水是前几个小时以及前几天救灾工作的关键。

　　我们的合作对象普遍认为,他们卫生环境条件极差、饮用水缺乏,且没有地方可供他们清洗和排便,世界"危机"正在发生。我们都知道,气候变化可能进一步恶化这一危机,其中影响最大的是世界一些最贫穷的国家。这些国家的人民已经缺乏必要的生活基础——如获得安全饮用水的权利、一个像样的厕所,而气候变化将会把他们带入更困难的境地。

　　有关报告显示,到2010年仍有约26亿的人口没有合适的地方排便,从而使他们处于患病——儿童夭折的风险中,同时妇女也不得不经受由此带来的隐私和尊严丧失。这意味着,世界上约40%的人口缺乏最基本的权利。在政治意愿、政府承诺以及正确投资的带动下,我们相信这种情况将会改善。

　　在韩国,1960—1970年间儿童的死亡率减少了一半,部分原因归功于卫生设施的投资(同期医务人员数量几乎没有变化)——这也是我们可以效仿的一个成功案例。在南非,政府正努力让每个家庭都获得拥有安全饮用水的权利,并在确保所有人获得基本供水量方面取得了实质性的进展。

　　在水资源与卫生设施建设方面,各国政府都已经做了重要的承诺。然而,我们合作国如孟加拉国或马里的老百姓,仍然在与地下水位下降、盐碱化、砷污染,以及洪水、飓风、干旱、极端降雨等灾害频发做斗争。这些都将严重威胁到人们的健康与生存。如一次洪水中,随着水位上涨,坑式厕所污水将会溢出并污染水井,而因此遭受伤害最大的依然是妇女和儿童。

　　我们发现,当社区人们决定自救时,他们表现出一种惊人的行动力——他们开始迅速掌控社区供水管、可用水井的管理工作,或是通过使用坑式厕所培养卫生习惯,来保障家庭健康和卫生条件的改善。

　　历史上已有全球联合行动的先例——全民教育的成功,并实现了小学义务教育。因此,通过全球联合行动解决水资源短缺问题也是可能的。

　　我们同意联合国水资源组织的观点,即气候变化的适应性对策应与水资源相关。此外,移民、城市化、消费水平改变、污染复合等现象的出现,也对未来水资源构成严重威胁。水是十分宝贵的商品,正如我们非洲伙伴说的"水是生命"。

　　然而,正如我们所知,这不仅仅是一个关于资源短缺的危机,它还关系着公平分配问题。当今世界仍然有1/8的人口生活在没有安全饮用水的地方。

　　虽然阻碍国家发展的通常是水安全危机,但千年发展目标中进程最慢的却是卫生方面目标的实现。按目前的趋势,未来约10亿人口的卫生目标将无法实现。水污染和卫生环境恶劣将会导致人类患病,从而导致每天约4千名儿童丧生。腹泻是发展中国家五岁以下儿童的第二大杀手,死亡人数比艾滋病、结核病、疟疾等致死人数的总和还要多。

　　如果卫生设施没有改善,孩子们就不敢去上学——因为他们会因此生病或死亡,医院也需要长期治疗水源性疾病(很容易预防的一类疾病)患者。这种日常生活中的灾难是可以避免的,比如同时向政府、私营部门、水援助组织等非政府组织筹集投资,并进行合理分配。我们已经看到,安全水源将会给人们生活带来十分显著的改善。然而事实正与此相反,低收入国家虽然需求最大,但援助资金中分配给饮用水和卫生设施的比例只有32%。

在卫生和供水方面进行投资,也将有助于其他千年发展目标的实现。如果能够普及规范的厕所,青春期之后的女孩将会待在学校,妇女和女孩也会从长途取水、尊严受辱、患病等威胁中解脱出来,从而保持健康。

饮用水供应和卫生设施建设,是确保千年发展目标实现的关键,而气候变化和日益频发的自然灾害将更加凸显其重要性。按照目前的发展速度,撒哈拉以南非洲地区的卫生千年发展目标将在2206年实现,比预计推迟了约200年。我们期待各国政府与联合国共同努力,一起敦促世界领导者,尽早结束这场危机。

同时,我们鼓励各国领导人加大卫生设施方面的投入,就像水资源一样。卫生设施方面的投资,能够带来经济效益和社会效益的回报(根据WHO,投资1美元将获得9美元回报)。相反,若在卫生设施方面不投资的话,将会导致其他千年发展目标难以实现。

人类需要水资源:政府能力缺乏阻碍了行动

Hindustan Construction 公司董事长兼总经理 Ajit Gulabchand:

是什么导致人们没有水资源和卫生设施? 水资源与卫生设施方面服务的不足不总是仅仅与水短缺相关。即使在公共供水与卫生服务方面保障充分投资,但若政府能力缺失,同样会导致许多人无法获得充足的水和卫生服务。

政府的"能力缺乏",可能会通过投资、制度和政策等无效实施,或技术约束等形式表现出来。为体现人文关怀,发达国家一直通过资助来援助贫穷国家,但水和卫生设施方面的优惠贷款和借款仍然在不断增加。为什么会这样?

通常大家都很容易明白,贫困和环境恶化是相互伴生的。进一步,我们也能够理顺水及卫生服务短缺与整个经济条件恶化之间的因果关系。例如,在供水和卫生服务恶劣的影响下,人们健康水平和周围环境质量将会下降,从而导致经济疲软。经济疲软的结果就是,水和卫生设施方面的借贷投资降低,从而进一步导致服务质量更差——换言之,即陷入恶性循环。

如果各国政府开始行动,如通过准确掌握现状情况,并对传统商业发展轨迹下2030年的未来发展趋势进一步预测,从而明确政府在经济和环境恶性循环中的定位,以及该如何在此循环中发挥作用, 那么政府这些行动将有可能阻止未来经济持续下滑至贫困的境地。若我们更加注重对未来的分析和趋势预测,如了解政府不作为的间接影响,以及水与卫生设施缺乏对社会政治和经济的影响等，将更有助于鼓励政府开始行动，从而有利于应对水和卫生部门的关键挑战之一——政府能力缺失。

免费获得水资源

南非圣公会大主教 Thabo Makgoba：

2009 年 1 月，我访问了莫桑比克 Lebombo 的贫困教区，举办 Chihunzuine 村获得新供水的祝福仪式。这是一个简单的仪式，但它却给了我一个很大的震撼，让我深刻理解了基督教传统中为什么选择水作为权势的象征。从《创世纪》到《启示录》，通过展示生命河从上帝宝座流向天国城市的过程，共同揭示了水的物质、文化和宗教意义。一直以来，水就是一切生命的基础。

人类在野外干渴濒死的时候，摩西用杖击打磐石以请求上帝救世，此时水源就出现了：这就是上帝眷顾的迹象。赞美诗的作者描述到，经过河水灌溉，树木才能繁茂成长，并能够在相应的季节长出绿叶和结出果实，以此来比拟一个正直的人。当撒玛利亚妇人打出井水给耶稣喝时，耶稣说这就是他生命的来源，将来会"形成永恒的生命"。

水意味着给新生命带来新生。《诺亚方舟》穿过红海到达《出埃及记》，从雅博河的雅各横道至乔丹的约书亚，借助水来传达信息，从而吐故纳新。耶稣的受洗意味着他弥赛亚身份的正式确定；基督徒们都认为，洗礼仪式采用浸渍的方式，是在耶稣死亡和重生中有力地传达一些特殊的东西，从而将他们与救世主结合在一起。

当我来到 Chihunzuine 村时，我的脑海中就出现这些画面。当地主教已经筹集到资金，实现将水源从一个遥远的水库泵抽并管道输送至一个公共的水龙头。这唯一一个水龙头给当地带来的欢乐和庆祝，已经远远超出了一个西方人可能简单理解的范围。这个水龙头位于村里的广场，邻近教堂——人类的精神和物质需求交相辉映，人们在这里见面、聚集，行成当地社会体系。这个水龙头虽没有上锁，却是安全且受到保护的：现在妇女可以不必担心在孤独漫长的打水旅程中被殴打或强奸。在这里，水龙头就是生命、健康、营养的源头，能为人们饮用、卫生、灌溉园地等提供水源，从而能够生产出更好的作物：真正形成了安全—食物—能源—水关系。

然而，水也有其有害的一面，如诺亚的洪水具有摧毁作用。Chihunzuine 村易受到暴雨和山洪的侵害，这些山洪能在几小时内将一切一扫而空，并导致肥沃的表土被侵蚀。城市化的代价包括环境恶化、农村贫困加剧，同时也对城市供水和卫生带来压力。对于牧民之间、牧民与农民之间、或牧民与定居者之间关于水资源的冲突，其历史可以追溯到圣经中有文明记录之初——目前仍然困扰着耶稣走过的土地。

我们不是要将水的各个方面都寓意化，但是来自基督教的一些传统说法，能够启发我们积极的用水态度。耶稣说具有活力之水的江河将来自于那些拥有信仰的人们。无论采取哪一种说法,我们的祝福都是被大家共同分享的;基督的精神力量十分巨大,可以说是取之不尽,从而在应对全球风险时,比如气候变化、环境污染、城市和城郊建设、资源保护与共享等,以支撑我们承诺开展负责任的行动。

世界精神价值的核心,是如何正确管理世界创造物,以确保公正,尤其是针对最贫穷的人。通常,有信仰的人们不会全盘接受以人权为中心的所有观点,然而,大家都会同意这种使用权——免费的使用权——获得充足的干净水,这是地球上每个人都应保证拥有的。

耶稣说过,无论是谁,只要是精神上的饥渴,都可以找他解渴。此外,他也忠告大家,我们应在是否喂养了饥饿者、欢迎了陌生人、庇护了无家可归者、照料了病人、给裸体者穿衣、拜访了犯人等多个方面进行自省——包括给口渴的人们一些水喝。其实,不管我们的信仰是什么,这都是我们应该重视的一个警告。

SaniShop:将公共卫生危机转变为大规模的商业机会

世界厕所组织创始人兼董事 Jack Sim:

水是生命的主要来源,它的重要性往往使大家忽视了另一个同样重要的事——卫生,这同样是人类需面对的一个全球性重要挑战。随着排泄物污染了大量的地表水,我们不能再忽视卫生环境恶劣对清洁水的影响。预防总是比治理的成本小。

超过 26 亿人(接近世界人口的 40%)无法使用卫生间或公共厕所,使他们不能够保留隐私、有尊严的安全大便。人类排泄物的处置不当可能会引起口腔排泄物疾病的传播,如腹泻和肠道蠕虫感染(如钩虫和蛔虫)。由此带来经济损失[可通过发病率和死亡率(仅腹泻一项,每年约 150 万儿童死亡)表示,或通过青春期少女的辍学率表示],进一步导致贫困,形成恶性循环,使人类丧失最基本的尊严。

尽管大家都意识到卫生危机将带来广泛而深刻的影响,但在发达国家和发展中国家的政治家、投资者、媒体、以及普通民众之间这是一个"禁忌话题"。当前的卫生条件比水资源条件还要落后,因此尤其需要创新的思维和技术。

2001 年以来,世界厕所组织(WTO)采用幽默语言和严肃事实相组合的独特方式,将全球媒体的焦点吸引到卫生议程上。在这个过程中,WTO 逐渐成为媒体的关注重点。世界各地都跟风参与 WTO 世界厕所系列峰会,并共同庆祝世界厕所日(11 月 19 日)。

WTO 已在媒体中取得一定地位,他们提出,与捐赠方法相比市场方法更能引发变革。调查结果表明,市场方法能够利用自身能力驾驭市场,在需求导向的原则下,改善针对贫困人口的服务,使他们更好地参与到有利于提高他们生活水平的资源供应链与活动中。当前,在上述高压挑战下,市场方法被大规模使用。WTO 认为,在上述社会特许经营模式

（WTO 称之为 SaniShop）的重要基础上,世界各国可利用市场的驾驭力量来促进发展,以努力实现千年发展目标,为所有人提供优良的卫生条件。

在环境卫生领域,市场方法相比于捐赠方法所具有的优势:

以下是传统捐赠方法的特征:

● 认为穷人是无助的和没有能力的。

● 产生副产品,从而导致市场走偏。

● 由于缺乏维修,卫生间常常被废弃。

● 高额管理费用远超出了捐助金额,使其运转不可持续。

● 由于当地民众的参与度很低,导致该方法难以广泛使用。

● 目前趋势已显示出捐助方法的疲软。

● 受供应驱动的产品往往看起来很"单调",对穷人缺乏吸引力。

● 不可能通过捐款,来解决 26 亿人口的需求。

基于市场的新方法 SaniShop 采用奖励与供应链相结合的策略,着力于创建一个生态系统。在这个系统中,供大家选择的卫生设施是可负担得起的。这种方法具有以下特征:

● 认为穷人有进取心,能够自救。

● 通过获得适当卫生设施、当地企业商品及就业机会,来改善人们健康。

● 由用户承担产品及服务的费用。

● 产品设计是"性感"的,从而吸引买家的兴趣。

● 以较低的成本、最大的承受能力,将高科技与良好设计大规模化,从而实现成规模的市场经济。

● 开发当地的生产力,让穷人能够自救。

● 利用市场的自然力量,推动穷人创新和可持续发展。

● 拥有显著的品牌与特许专营效应,通过市场快速的渗透力打开现有的销售渠道,从而打破跨部门与跨地区的约束。

WTO 在柬埔寨磅士卑省的应用案例

WTO 已在柬埔寨开发了一个模式,包括:

● 通过销售代理联系,政府官员代表采用村民会议、上门销售及其后续回访等形式,直接参与农村的直销活动

● 对销售代理进行培训,教他们如何制定区域销售计划,使每个月的销售目标与当地企业的生产量相匹配

● 通过学校和工厂发放宣传册

● 在供应商工厂与促销会上,挂宣传横幅

第一个产品是由 IDEO 设计一个简单的厕所产品,在柬埔寨非常畅销。对于这个厕所产品,每建立一个蹲便器、蹲坑以及小隔间只需要 32 美元,另外可选择再花 33 美元购置外部遮盖物。

为实现这一解决方案的规模化普及,下一个阶段将采用 SaniShop 模式

SaniShop 是一种免费的特许分销模式, 主要采用现代营销手段进行快速复制和连续实践,与传统捐赠方式是不同的。下面列出 SaniShops 价值观主张的三大论点。

1. 全球参与

WTO 的总体目标是使环境卫生领域能够站到世界舞台上,参与到全球性的商业体系中,具体目标主要体现在卫生市场的技术开发、规模化生产和贸易发展等方面。为了建立环境卫生领域资源和专业技术方面的全球平台,WTO 不断吸引不同利益相关者加入,旨在加快卫生市场的扩张。

WTO 的运作资金主要来源于各种旨在改善生活的设计大奖,其支持者包括汉堡技术大学、泽维尔大学、可持续卫生联盟的技术成员、洛克菲勒基金会、高乐士公司、里昂证券、Unilever 公司、阿育王、国际收支平衡中心、格莱珉创意实验室、世界企业家论坛、与施瓦布基金会相关的世界经济论坛、技术先锋、全球青年领袖、可持续发展计划、民间社会团体和企业成员。虽然目前 SaniShop 模式还处于起步阶段,许多潜在的合作伙伴已开始关注该模式的协同作用、资本制度的创新及模式的可扩展性。

2. 如助推器般的吸引大家

环境卫生领域的最后一英里应以人为本,而不是以技术为中心。从穷人世界手机迅速普及的现象可知,人们主观愿望可作为一种高层次的需求助推器。好的卫生条件除了带来健康,还将作为一种身份的象征、一个通往美好未来的桥梁、一个促进孩子教育的助推器。针对厕所的有趣设计、创意营销(如漫画)、品牌推广,是提升厕所使用体验的有力助推器。此外,SaniShop 建议的品牌属于可信任的品牌,代表了质量的保证。

3. 授权和吸引

授人以鱼不如授人以渔。SaniShop 专营权模式将为当地老百姓创造就业机会,并通过描绘美好未来的愿景,点燃穷人的创业志向。一个人不需要太多的资源,就可以成为销售代理或供应商。与此同时,她的顾客也会考虑到健康改善对其家庭的重要性,并从中受到启发。

为了提高卫生领域的地位,WTO 为 SaniShop 建立了一个非常强大、积极向上的可视化品牌:"梦想之门"。它为每个用户开启了厕所之门,通往更美好的未来:

● 健康的孩子正在开心大笑

- 处于青少年期的女儿能去上学

- 身体健康的人们正在工作，以赚取更多的钱

- 农民种出更好的作物(来源于厕所的好肥料)

- 身体健康的老人面带微笑，并对厕所竖起大拇指

- 赚取足够的钱，以购买其他物品

- 卫生设施成为生活质量提高的推进器

- 再也不会出现前期悲哀和可怜的画面情景。这个令人振奋的新消息，将激励全球范围内所有的人共同携手，帮助穷人摆脱贫困。通往梦想大门的钥匙，现在正掌握在他们自己手中。

第7章

商　业

本章将探讨水与商业的关系。过去3年中，许多公共机构、私营机构、学术和非政府组织，以及水资源倡议论坛委员会成员等代表参加了水资源相关的各种论坛和研讨会。本章的论述主要来源于这些代表的观点。

7.1　背景

2008年1月达沃斯——克洛斯特斯世界经济论坛年会，针对商业战略要素——水资源相关议题展开了探讨。当时，在首席执行官与联合国秘书长潘基文参与一个小组座谈上，一系列讨论和圆桌会议就此展开了热烈讨论。联合国领导对私营企业参与全球水挑战方面的行为表示赞赏，对世界五百强企业、政府、民间社会的代表们说道"商业贸易正逐渐成为解决方案的一部分，而不是问题的一部分"。

在会议上，联合国秘书长还向达沃斯——克洛斯特斯共同体推举了联合国全球契约"CEO水资源管理使命"计划的新一任首席执行官。当时他身旁坐着4位来自食品、饮料、化工和工程领域国际公司的首席执行官和主席：Nestlé公司的Peter Brabeck-Letmathe、Coca-Cola公司的Neville Isdell、Dow化学公司的Andrew Liveris、CH2M HILL集团新晋的Ralph Peterson。此外，列席的还有环境保护基金会主席Fred Krupp。对于许多代表来说，这是他们第一次与联合国以及非政府组织领导者坐在一起，聆听高级商务管理专家的观点，并就经济、社会、环境和区域政策调整之间的内在联系展开热烈讨论。他们认为，在他们所在企业以及整个世界体系中，水资源能够影响经济增长，这也是当前面临的地缘政治挑战。另外一件重要的事情是，在世界体系中搭建一个公平公正的架构需要政府发挥重要作用。

7.2　趋势

在达沃斯——克洛斯特斯论坛讨论的后期，大量相关的活动以及调研报告编制开始启动。认识到水安全在相关业务操作或投资行为中发挥战略指导作用，越来越多的行业协会、金融分析师和公司开始参与其中。水资源为可快速流动的物品，是商业风险中首要考虑的因素。

在上述活动中，实施联合国全球契约"CEO 水资源管理使命"计划，是早期一个成功的范例。"CEO 水资源管理使命"计划，是一种关于公私合作的首创独特设计，旨在协助企业不断改进、实施和公开水资源可持续性相关的政策及实践。我们同样意识到，企业通过生产商品和提供服务影响着水资源——直接影响或通过供应链间接影响。截至 2010 年 9 月，来自世界各地近 70 个首席执行官，已经承担了"CEO 水资源管理使命"相关任务，见图 7.1。

- Agbar (Spain)
- Akzo Nobel nv (The Netherlands)
- Allergan, Inc. (USA)
- Aluminum Corporation of China (China)
- Anheuser-Busch InBev (Belgium)
- Athens Water and Sewerage Company - EYDAP S.A. (Greece)
- Avon Metals Ltd (UK)
- Banco do Brasil (Brazil)
- Banesto Bank (Spain)
- Baosteel Group Corporation (China)
- Bayer AG (Germany)
- Cadbury (UK)
- Calvert Asset Management Company, Inc. (USA)
- Carlsberg Group (Denmark)
- CH2M HILL, Inc. (USA)
- Coca-Cola Enterprises Inc. (USA)
- Coca-Cola Hellenic Bottling Company (Greece)
- Compagnie de Saint-Gobain (France)
- Cool House (Thailand)
- Daegu Bank (Republic of Korea)
- De Beers (South Africa)
- Diageo plc (UK)
- Dow Chemical Company (USA)
- DSM NV (The Netherlands)
- Euro Mec S.r.l. (Italy)
- Finlay International (Bangladesh)
- Firmenich SA (Switzerland)
- GlaxoSmithKline plc (UK)
- Groupe DANONE (France)
- Grupo Via Delphi (Mexico)
- H&M Hennes & Mauritz (Sweden)
- Hayleys Limited (Sri Lanka)
- Heineken NV (The Netherlands)
- Hindustan Construction Co. (India)
- Hong Kong Beijing Air Catering (China)
- Levi Strauss & Co. (USA)
- Metito Ltd (United Arab Emirates)
- Molson Coors Brewing Company (USA)
- Nalco Holding Company (USA)
- Nestlé S.A. (Switzerland)
- Netafim (Israel)
- Nike, Inc. (USA)
- PepsiCo, Inc. (USA)
- PricewaterhouseCoopers (USA)
- Progressive Asset Management (USA)
- Ranhill Berhad (Malaysia)
- Reed Elsevier (UK)
- Royal Dutch Shell plc (The Netherlands)
- Royal Philips Electronics N.V. (The Netherlands)
- SABMiller (South Africa)
- SAM Group (Switzerland)
- Sasol Ltd. (South Africa)
- SEKEM Holding (Egypt)
- Siemens AG (Germany)
- Stora Enso (Finland)
- SUEZ (France)
- SunOpta Inc. (Canada)
- Sustainable Living Fabrics (Australia)
- Syngenta International AG (Switzerland)
- Talal Abu-Ghazaleh Organization (Egypt)
- The Coca-Cola Company (USA)
- Unified Technologies Group, Inc. (USA)
- Unilever (UK)
- UPM-Kymmene Corporation (Finland)
- Veolia Water (France)
- Westpac Banking Corporation (Australia)
- Wilmar International Limited (Singapore)
- Woongjin Coway Co., Ltd (Republic of Korea)
- Xstrata PLC (Switzerland)

图 7.1　"CEO 水资源管理使命"计划签署国

接受此项任务的首席执行官们都意识到，他们的主要职责是提高水资源管理的地位，并使之成为大家优先考虑的事情，从而保证社会经济的可持续运转，最终实现联合国全球契约愿景和千年发展目标。在面对全球水资源挑战时，他们需要与政府、联合国机构、非政府组织以及其他利益相关者联合起来。"CEO 水资源管理使命"计划的工作任务主要涉及

6 个方面:实施、供应链和流域管理、联合行动、公共政策、社会参与、公正公开。

在"CEO 水资源管理使命"计划实施的同时,世界经济论坛的水倡议也重新启动了,并在 2008 年达沃斯——克洛斯特斯论坛之后取得显著进展。水资源管理首席执行官的领导小组由 13 家公司领导组成,主要职责是提高大家认识,帮助建立新的分析方法,并对水资源领域中公共部门——私有企业——专家合作的新模式开展试验。这 13 家公司包括 CH2M HILL 集团、Cisco Systems 公司、Dow 化学公司、Halcrow 集团、Hindustan Construction 公司、Nestlé 公司、PepsiCo 公司、Rio Tinto 集团、SABMiller 公司、Standard Chartered 银行、Syngenta 公司、Coca-Cola 公司和 Unilever 公司。水资源倡议论坛是一个涉及多利益方的平台,由多个政府组织支持,包括 International Finance 公司、美国国际开发署,以及瑞士发展合作署。同时,这个平台也与国际农业生产者联合会、世界自然基金会密切联系。2010 年是水资源倡议论坛的一个重要新阶段的开始。关于水倡议论坛下一阶段工作的更多细节,将在本书最后一章介绍。

在 2008 年达沃斯——克洛斯特斯水资源倡议论坛的启发下,McKinsey 公司开始致力于探索新的水资源形势分析方法,以帮助政府和企业更好地了解 2030 年之前大家需要面对的水安全挑战。2008 年,McKinsey 公司组织成立了 2030 水资源集团(WRG),目的是为日益严重的水短缺问题提供新的解决思路。WRG 的创始成员包括 Barilla 集团、Coca-Cola 公司、Nestlé 公司、New Holland 农业公司、SABMiller 公司、Standard Chartered 银行和 Syngenta 公司。Veolia 环境集团与 Firmenich 公司后来也加入该集团,Halcrow 集团担任顾问。2009 年 10 月,WRG 发布了题为《全球未来水愿景:经济框架决定上层决策》的第一份报告。该报告通过案例分析,在识别供给量与需求量的基础上建立了一个高效低成本的分析方法,以缩小水资源供需差距、实现水资源节约。关于该方法和其他相关内容的细节,详见本书第 10 章。

世界企业永续发展委员会(WBCSD)在水资源问题方面已开展了十余年的研究。目前,WBCSD 已获得了商业用水方面一系列重要的事实和未来趋势的预测成果,并预测提出了 2025 年商业用水的各种情景。

WBCSD 开发了一款极其成功的全球水风险查询工具,将在本章最后详细说明。2010 年,WBCSD 又启动一个新的水资源方案,该方案的领导小组包括 Accenture 公司、BASF 公司、Bayer 作物科技公司、Borealis 公司、DSM 公司、DuPont 公司、Holcim 公司、IBM 公司、ITT 公司、Kimberly-Clark 公司、PepsiCo 公司、PricewaterhouseCoopers 事务所、Rio Tinto 集团、Royal Dutch Shell 公司、Siemens 公司、Suncor Energy 公司、Swarovski 和 Unilever 公司。

2008 年相关企业和金融分析师发布了一组企业与投资者面临水安全风险相关的报

告。其中，关于水安全对商业产生影响的典型案例如下：

● 在世界资源协会(WRI)的资助下，2008年3月摩根大通全球股票研究中心发布了一份报告《关注水资源：企业水资源短缺风险评估指南》。在这份报告中，摩根大通股票分析师借助WRI的专业知识，揭示了某些领域公司中面临的水安全风险及机会，并设定了相关判别标准。他们的主要论点：

——水短缺和水污染现象，不仅出现在产品生产工厂，在公司产业链中可能表现的更严重。

——易遭受水安全风险的行业主要集中在发电、采矿、半导体制造、食品和饮料等。

——企业对水安全风险认识严重不足。这部分内容通常是归纳在为公共关系分析而准备的环境报告中，而不是列在投资者最倚赖的监管相关的档案文件中。

——投资者应评估其证券投资对水资源的依赖程度，以及这些投资对水资源可利用量、水污染程度的敏感性。

● 2009年3月，世界自然基金会发布了《了解水风险：关于水资源短缺对政府和企业影响的初步研究成果》。这份报告的一些关键信息如下：

——水资源短缺的风险可以分为两类，一是水资源难以满足基本需求，二是水资源短缺衍生出政治和金融不稳定、投资机会丧失等后果。

——水资源短缺，通常是社会、经济和环境多个因素相互作用产生的后果。仅由降水减少产生的水资源短缺现象几乎是不存在的。

——企业在降低水资源使用量、提高水资源利用效率方面，面临很大的压力。如果企业在这方面达不到标准、难以获得社会经营许可时，则需要参与国家推行水资源高效利用相关政策的支持工作中。

——水资源短缺的风险往往由政府和企业共同承担，因此，我们可参照上述原则，对公共政策优化、机构执行力增强、利益相关者广泛参与等方面的需求开展系统分析。

——总之，政府需要负责将水资源管理做到位，而企业在帮助政府实现高效管理的过程中发挥了关键作用。

——健康的生态系统可保障水资源的可持续利用。降低水资源短缺风险的一个关键步骤，是提高大家对淡水生态系统的认识，首先确保人与生态系统的基本用水需求得到满足，然后再将剩余的水资源合理、公平、公开地分配给商业用水。

● 2010年，劳埃德集团与世界自然基金会(WWF)联合发布了《全球缺水：商业风险与挑战》，并作为他们360风险洞察系列报告的一部分。该报告阐明了以下主要问题：

(1)企业需要考虑的是，各国政府和国际社会如何管控中长期水资源短缺问题；企业自身又该如何与公众、非政府部门相互配合，一起解决问题，而不是简单地参与争论。

(2)不同行业的企业,面临不同级别的水安全威胁。如农业或饮料部门面临直接的挑战是,如何获得充足可靠的水源;制造商需要水资源来维持商品生产,但政府通常将这部分用水级别设置为较低级别;一些零售商正在调查他们供应商的用水是否可持续、是否符合社会道德,他们调查的部分原因是为了预防商业声誉受损;而金融服务业的某些部门,正在调查他们的客户是如何对水风险进行管理。

(3)从事水资源管理战略研究的公司,需要同时关注局部细节问题及其产生的宏观影响。他们还需要考虑各国政府该如何参与进来,在某些情况下甚至要考虑,如何吸引国际组织积极参与到公司的水资源管理相关工作中。

(4)在帮助公司了解和管理水安全风险的过程中,开发相关的工具和方法是十分必要的。这些方法的来源很多,一是由水足迹网络和世界企业永续发展委员会直接提供;二是从水资源管理标准相关的研究论坛得到,这些论坛可制定相关认证制度(如由水资源管理联盟制定的制度);三是通过开展交流会获得,在交流会上各公司交换彼此最优的方法,以解决共同的风险问题(如世界经济论坛或联合国全球契约实行的"CEO 水资源管理使命"计划)。

(5)许多非政府组织(包括世界自然基金会,大自然保护协会和太平洋研究所)和专家小组已经开始与公司合作,一起应对影响到自然环境和当地社区生活的水安全风险。

最近实施的一个关于企业—水资源关系的研究项目是 CDP 水信息公开项目。该项目始于 2010 年,对全球范围大型公司提取水资源相关的关键数据,同时向全球市场公开展示水资源相关的企业投资风险及商业机会。要做到这一点,CDP 需要收集企业面临水安全风险与商业机会的相关信息、企业自身运营和其供应链中水资源使用情况及面临水短缺压力的信息、公司的水资源管控计划信息等。在数据收集的基础上总结出有价值的结论,并提供给世界上许多水资源相关的大型公司,从而形成公司的相关战略计划。同时,这些数据也可用来推动水资源可持续利用方面的投资。莫尔森库尔斯公司是 CDP 水信息公开项目的首席赞助商,此外,挪威央行投资管理机构和 IRBARIS 也赞助了本项目。根据 CDP 要求,Ford 汽车公司、L'Oreal 公司、PepsiCo 公司、Reed Elsevier 集团展示了他们在水信息公开方面的引领作用,并将相关的工作情况纳入了 2010 年 CDP 水信息公开项目报告。

所有这些与水资源相关的不同业务(还有很多业务本文尚未提及),都显示出相同的发展趋势,即商业界的领导小组对他们面临的水安全风险越来越担忧(可注意到,有很多类似的跨国公司参与了上述活动)。他们正利用各种工具和技术识别、评估并管理这些风险。同时,投资者们也开始关注,他们所投资的企业采用何种方法来应对这些水安全风险。然而,各种报道和相关倡议都在强调,水的问题是复杂的——因为对于一个跨国企业,这既是一个地区性问题又是一个全球性问题。

Unilever 公司的市场营销、公关和可持续发展首席官 Keith Weed 提出了一个新颖的观点："在整个产业链中，Unilever 公司通过实施水战略减少了总用水量。其中，与我们合作的农民采用了滴灌和集水技术，从而使我们的制造业在过去 10 年中减少了 65% 的用水；公司通过产品设计的创新研发，使消费者使用产品时用水量更少，同时为他们节省时间和金钱，并且对环境产生积极影响；我们还发明了一种可持续使用的水过滤系统——净水宝，不需要耗电和加压，即可消除所有的细菌、病毒、寄生虫及其孢子，从而保障数以百万计人口的饮用水安全。"

因为任何单个公司的影响力都是有限的，因此许多针对公司的水资源管理结构改进方面的措施尚未发挥作用。若想让企业在水资源改革中发挥领导作用，那么需要特别重视跨行业集团公司与政府以及其他机构的合作伙伴关系。因此，目前除了投资者们面临的传统水安全风险问题，在大量企业和水相关的最新报告中出现了一个新兴的问题，即公私伙伴关系(PPP)问题。当我们采纳一些具有前瞻性的战略时，尤其是考虑了大型公司参与的战略，此时 PPP 问题将凸显出来。值得注意的是，这类伙伴关系与 20 世纪 90 年代水务部门出现的公私合作伙伴关系(指一个民营企业通过水服务交付合同，开展相关公共事物)是不同的。相反，这类新型的 PPP 通过一种动态的对话，从战略层面来增强各个私营部门、民间社会和政府等参与者之间的合作关系。进一步，在如何最好地解决他们共同面临的公共资源问题方面，还可协助主要利益相关者共享想法，这也是政府创建相关框架的最终目标。然而，目前这些想法似乎显得过于理论化。对于企业领导者，他们在以下方面获得的有用信息太少了，包括如何参与到目前流行的各种跨行业公司活动中并实现自身发展？这种伙伴关系应该是什么样的？为实现目标他们需要采取什么行动等？目前还没有太多的成功案例值得学习。一个国家或地区在制定可靠的水管理战略时，大量基于事实的逻辑分析显示，当企业规划实现跨越式发展或突破现有价值链时，他们将需要开展多种类型的活动，这也成为这些公司在商业议程和水议程中最易遭受水风险的地方。

与此同时，从事水资源供应、污水处理服务、以及相关商品与服务的企业，都显示出蓬勃发展的态势。分析师们都认为，水基金(主要投资于水领域相关技术和工程公司)属于良好投资，可长期持有(详见后面关于金融的章节)。

根据最近欧洲华尔街日报，Suez 环境公司(全球收入第二的水务公司，为世界各地近 9000 万人口提供饮用水) 首席执行官 Jean-Louis Chaussade 指出，"废水和水等相关企业的生产总值增长率，通常比一个国家的国内生产总值(GDP)增长率高 2~3 个百分点"，这也是为什么他将中国列为其公司的重要市场。他进一步补充说，"更重要的是，经过多年的工业化快速发展，中国人更关心的是他们所处环境的质量。"

7.3　预测

未来几年,这些面临水安全风险的公司将会开展越来越多的水议程相关活动,特别是这些公司中涉及发电、采矿、半导体制造、食品和饮料的相关部门。这些公司在解决水资源利用和管理相关问题时,若能采取一个完整的风险管理策略,那么无论是从当地影响还是可预见的结果来看,都将为公司带来有形的回报,这点与气候变化议程中的水议程是不同的,这将提高企业的参与度。

投资者对企业面临的水安全风险越来越感兴趣,这本身也是件十分有趣的事情。CDP已经把企业"水信息公开"与已经取得突破进展的"碳信息公开"相提并论,同时意识到,公司的股东们,尤其是公共机构的投资者已对全球日益增长的水安全问题感到担忧。CDP水信息公开领导者 Marcus Norton 说:"这很重要,因为长期投资者会特别关注水资源短缺对公司运营及其供应链产生的影响。"

据纽约时报,奥斯陆的挪威央行投资管理公司(CDP 项目赞助商之一)已经识别了1100 家公司在其组合投资中面临着水资源风险。NBIM 所有权战略的全球负责人 Anne Kvam,管理着 4410 亿美元资金,在接受采访时说:"作为投资者,我们需要知道,在水资源稀少的行业或地区,公司是如何应对水资源的短缺。获取水管理相关的有用信息,是一个极具挑战性的事情。"

目前供水、污水处理、废水回用、海水淡化等方面的市场将会继续扩展,尤其是位于亚洲的市场。由于国内外大部分资本市场存在较大弹性,因此商业机会方面的挑战将会减少,而工程投资方面的挑战将会增多。

对于水资源短缺国家的运作,一个企业的执行总裁发表了自己的观点。在某个国家的运转中,若水安全问题没有改善,将会导致价值链中的财政损失不断增加——由于水资源供应的紧缩,导致生产线的破坏或投入成本较高,从而导致税收减少。此时大家的第一反应可能是,为公司和相关机构寻找合作平台,以共同推动政府的水资源改革进程。

但是,如果政府并不打算启动改革议程,那么随着投资者面临水安全风险的压力越来越大,一些跨国企业就会开始将大批产业从管理不善(在水资源方面)的国家转移至管理更好的国家。在过去 20 年,一个典型案例演绎了上述情景,即在新兴的国家如中国和印度,较低的人工成本为他们吸引了一批制造业。

另一方面,在中国的省份、印度的州府,以及亚洲其他的国家,他们对市场缺口重点关注。他们将自己定位为蓝色领导人,并通过制定富有远见的改革议程,吸引一批用水高效的投资者及水资源高效利用技术,为其干净的、供应良好的"蓝色经济开发区"服务。

7.4　启示

面对水安全风险时,公司的高管和投资者将采取更明智的应对措施,一方面通过施压迫使政府改革,另一方面开始共享水资源管理相关专业知识,并在公共与私人用水效率方面开发了一些新的测试工具。

在这场博弈中,将来最可能出现的情景是,若政府能够采取明确的经济手段,来应对国家或地区潜在的水资源挑战并实现经济稳定,则容易吸收投资;若政府面对水短缺压力时,缺乏有效的政策体系及实施计划,导致政府承受的水短缺压力不断加大,则将会面临投资者撤资。事实上,在未来20年,当许多国家的企业和投资者面临水资源竞争风险时,水资源管理水平的高低将会决定天平倾斜的方向。对于跨国公司和投资者们,蓝绿色开发区(即水和能源的高效开发区)显的更有投资吸引力,这种现象在城市用水与废水治理挑战日渐凸显的亚洲地区更加明显。

上述事实揭示了一个与政府、水资源政策相关的启示,而这个启示对那些面临水资源安全问题的国家尤其重要。不难发现,在缺水区域的一些政府和地区,谁主导了水资源政策的跨越式改革,谁就能经济三角关系中获胜:这些政府和地区能够吸引并留住企业,从而为水利基础设施建设筹集更多的投资,同时通过改善水资源管理,使他们的经济体系变得更加强健。在这个过程中,谁落后谁就会失败。那么对于亚洲地区的国家,哪个国家会将自己定位为第一只企业的"蓝绿色老虎"(即第一个建立蓝绿色开发区)?

7.5　展望

"为了实现水资源用水效率目标, 一些领军企业已开始实施水资源战略",SABMiller公司行政总裁 Graham Mackay 说,"不过,缺水是一个复杂的问题,仅靠单独行动是不够的。这也是为什么我们要与非政府组织、其他利益相关者合作,以更好地识别当地水资源风险,从而为解决问题创立新的合作模式。"来自不同跨国公司中最易遭受水安全风险的部门的首席执行官、高级管理人员和专业人士,集聚在一起组成了一个关系网。他们共同努力,不仅是为了保证公司在水安全议程中持续前行,同时还促进了更普适的水资源议程形成。他们通过开展公司具体的活动来提高业绩,并利用上述伙伴关系保证事情的顺利完成,同时他们也会一起参加前文所述的平台和活动,从而保证他们在水资源议程中同步前行, 并反过来对水资源议程产生影响。这些领军跨国商业集团的杰出成员列在本章附录(当然不限于此)中,同时也列举了他们各种活动案例。

　　这些来自不同行业的公司都已开展了相关商业调查或制定了长期策略，一方面是为了预测公司未来面临的水安全风险，另一方面是尽可能使他们获得重要的商业机会。目前，他们正为了提高用水效率而设立专项投资。利用世界企业永续发展委员会相关机构发布的水足迹方法和工具，这些公司对水从哪里来、如何最大限度保证持续可靠的水供应等方面有了全面的了解。在这个平台上，"CEO 水资源管理使命"计划与联合国组织、政府、社区、其他关键利益相关者持续开展公开的对话，从而缓解他们未来将要面临的水资源风险。

　　这些公司通过投资开发新的分析方法，包括水资源集团所采用的方法，以及在如何建立经济框架支撑政府决策方面也提供了新的方法。通过世界经济论坛的平台，这些公司以水资源联盟建设、公私合作等新形式参与到政府工作中。目前，他们正通过参加商业活动，来支持、鼓励与协助政府进行有意义的水利改革与转型，这将惠及社会所有的利益相关者，并对环境带来有利影响。

7.6　观点

　　以下列举了当前关于水与商业之间关系的各种观点，详细论述了本章涉及的主题。以下观点并不一定代表世界经济论坛的意见，也不一定代表其他参与的个人、公司或机构的意见。

　　● 世界企业永续发展委员会，简要概述了一种他们开发的全球水资源高效管理工具。

　　● SABMiller 公司行政总裁 Graham Mackay，针对与他们类似的公司，解释了为什么理解价值链中水资源的作用、并进行水资源管理是十分重要的。

　　● Coca-Cola 公司环境和水资源部的副总裁 Jeff Seabright，解释了为什么水资源管理及其可持续利用对 Coca-Cola 公司是十分重要的。

全球水资源管理工具

世界企业永续发展委员会

当跨国公司在进行水资源相关决策时，首先会提出五个基本问题：

①公司中有多少部门是处于极度缺水的地区？

②哪些部门面临了最大的水安全风险？

③预计其他部门什么时候会越过缺水界限，成为缺水的部门？

④公司的员工中，哪些住在供水和卫生缺乏的国家？

⑤公司的众多供应商中,哪些目前已受到水资源短缺制约,哪些将来到 2025 年可能会被水资源短缺制约?

全球水资源管理工具为这些问题提供了答案。该工具可为企业和相关组织在地图上展示全球水资源的使用情况,并在全球运营和供应链中评估各个公司的水安全风险水平。

一个公司,需要为自身运营、员工生活、供应链乃至终端客户提供水资源。为了应对现在以及未来全球水资源相关的风险,公司必须掌握当地用水需求的相关信息:如水资源可利用量(现状和规划)、水质、水"压力"(与人、环境和农业相关的)、安全饮用水水源和卫生设施的可得性,以及人口和工业的增长情况。为了从全局层面管理水资源,公司还需要了解当地的水情。然而,随着气候变化,当地水情的预测难度也越来越大。

全球水资源管理工具使用起来十分方便, 主要是将公司的水资源使用情况与一些外部数据或者关键水指标、水的储存量、风险与绩效评估标准等进行对比。一个公司可以利用全球水资源管理工具判断其组合投资的风险, 或者通过谷歌地球查看相关涉水设施的空间特性,包括详细的地理信息、地表水信息等。全球报告倡议组织(GRI)正是利用全球水资源管理工具收集相关信息,从而统计每个站点、国家、地区及全球的总排水量、水资源回收/再利用量、总污水排放量等指标。

全球水资源管理工具可提供近期全球范围内公共领域的水资源相关数据。但由于受到当地水资源数据集统计不够准确的限制,该工具无法为特定情景提供具体的指导,因为这些还需要更加深入、系统的分析。我们可采用其他工具提供具体指导,如全球环境管理倡议的水资源可持续发展计划。

全球水资源管理工具的使用范围不断在扩展, 目前超过 300 家公司选择使用全球水资源管理工具,来评估公司的用水情况、不利影响减缓措施实施情况,并交流相关执行情况等。自 2007 年 8 月推出后,该工具的 Excel 文件已经被下载了 8300 多次。任何人都可以在 http://www.wbscd.org/web/watertool.htm 中免费使用该工具,无需注册。各用户在该工具上输入的信息是被保存在各自公司自己的 IT 系统上,其他人无法从外部访问。每次获得新数据后,WBCSD 就会修改完善该工具。

价值链中的水资源

SABMiller 公司行政总裁 Graham Mackay

由于水资源是所有市场发展的基本要素, 因此日益严重的水短缺将会导致经济增长受阻、就业机会减少、贸易紧缩、甚至可能会引发大规模的移民。然而,目前大部分国家并没有重视水资源的管理,更有甚者是过低地评价、使用和管理宝贵的水资源。如果政府没有意识到国家普遍存在的缺水风险,相比于其他部门,私营部门和一些涉水部门无疑更容易遭受水安全风险。

　　作为联合国"CEO 水资源管理使命"计划的创始签署公司之一,SABMiller 公司深刻地认识到自身责任,是保证公司在自身运营中负责任的用水,并鼓励相关供应商也这样做。酿酒行业中相关原料的生产一般都需要集中供水,而我们公司运营中有几个生产部门都是位于缺水地区。水量和水质对我们公司都至关重要。

　　为了应对这些紧迫的水短缺压力,2008 年 11 月 SABMiller 公司宣布,计划到 2015 年将每百升啤酒的平均耗水量削减至 3500L,相比 2008 年减少 25%。实现这个目标,首先需要有效提高啤酒厂的用水效率,此外需要了解和评估整个价值链中水的使用方式。

　　通过与世界自然基金会合作,SABMiller 公司已率先使用"水足迹"方法,来分析未来价值链中的水资源风险,识别出该风险的潜在关键点,并通过与其他伙伴公司合作来降低风险。在这个过程中,信息的公开透明是至关重要的。2009 年,SABMiller 公司和世界自然基金会联合发布了该公司位于南非和捷克啤酒厂水足迹的计算成果,并详述了这些市场中识别出来的具体风险。在这两个啤酒厂,总足迹的 95% 以上均由农业用水贡献。目前,我们正采用相同的方法探索秘鲁、坦桑尼亚、乌克兰等市场的长期水资源短缺风险。

　　由于水资源短缺问题本质上是跨社区和跨边界的,因此不能简单地只在各自公司运营范围内进行水资源管理。相反,各公司都需要与当地的利益相关者共同合作,将其公司的管理纳入到整个地区的解决方案中。位于同一片区域的公司,由于他们的生产、生活、发展都依赖同一个集水区,意味着他们共同承担用水责任,并共同分担水安全风险。这些风险包括由于过量抽取直接导致的供水短缺,以及由于污染导致的水质下降。这些公司作为地方政府在私营企业中的合作伙伴,通过积极参与地方上的水问题对话,并在公共政策讨论中献言献策、从旁协助,从而保证政府的水资源管理方案尽可能做到高效、可持续和公开透明。

　　下一步该做什么?根据公司在南非地区的水足迹计算结果,应将关注点集中到大麦种植业用水效率方面,从而更好了解未来气候变化对水资源可利用量带来风险,以及对作物生长发育可能产生的影响。此外,我们通过与水资源供应商合作,重新审视在地下水开采、水中硝酸盐浓度控制方面法律法规不健全对作物种植区可能产生的影响。2010 年 9 月,我们与世界自然基金会、德国技术合作协会启动一轮新的合作,共同发表了第一份关于未来水伙伴合作关系的报告,该报告以缺水最严重的市场为对象,试图摸清该市场中企业、社区、生态共同承担的水安全风险,并提出应对的方法。

　　由于水资源相关的挑战十分复杂,而且还会不断加剧,因此各公司不能只考虑自己运营的用水需求,还要在各自传统专业领域之外共同努力,以确保水资源的长期可再生能力。

水资源管理和可持续发展

Coca-Cola 公司环境和水资源部副总裁 Jeff Seabright

水资源对 Coca-Cola 公司以及瓶装饮料业务相关的合作公司都非常重要。水不仅是我们公司产品的直接成分，而且在产品生产过程中，为各类商品(果汁、茶、营养型甜味剂)提供至关重要的原料。对于社区和生态系统的可持续发展，水同样是重要的基础资源。我们发现，发展良好的公司一般都位于可持续发展的社区。因此，对于我们来说，水资源如何管理是首要考虑的关键问题。

综观公司 124 年的发展历史可发现，供水水质对我们也是十分重要的。我们公司有上千个生产工厂分布在 200 多个国家和地区，这些工厂从当地自然环境中获取水源，然后服务于本地市场。我们的员工、客户、消费者以及业务合作伙伴和供应商，大部分都经历着类似的情景。随着水短缺压力越来越大，我们需要全面了解水资源的属性。

从历史上来看，过去 10 年人类与水资源的关系变的愈发密切。早在 20 世纪 90 年代初，我们不仅仅只关注水质，还关注公司运营过程中的用水效率和废水管理水平，并掌握了提高这方面水平的成熟技术。到 20 世纪 90 年代中期，我们已经开始系统考虑水资源利用效率，并经过长期的水资源管理实践，获得了许多有益的经验，从而促进水资源管理工作的进一步完善。自 2002 年以来，公司的用水效率提高了 22%以上，其中仅 2004—2008 年用水效率就提高了 9%。2008 年我们制定了一个目标，即与 2004 年基准年相比，2012 年工厂用水效率提高 20%。在这个过程中，我们与节水伙伴世界自然基金会合作，通过向行业内其他公司以及公司内部先进部门学习，掌握世界一流的水资源高效利用技术，从而促进公司的发展。

工业废水未经处理就排放的话，将会产生潜在的负面生态影响。因此，1992 年我们公司发布了污水处理的相关要求，即全球的运营商可以选择 2 种方式处理废水，一是把污水排放至具有二次处理能力的市政系统，二是现场建立污水处理厂，这两种方式均要求废水排放至天然环境之前均必须达到"满足鱼类生长水质质量"的标准。截至 2010 年底，100%的运营商会将其生产过程中产生的所有废水，处理成满足水生生物生存的水质标准后，再排入天然环境。值得注意的是，即使法规或地方惯例并没要求这样处理，但凡是我们公司的工厂，都被要求将废水处理成上述标准。实际上，全球 70%的工业废水是未经处理就排放的。因此，这是我们发挥水资源管理作用的一个显著的案例。

我们公司水资源管理历史中的一个关键转折点出现在 2003 年，即我们第一次将水质、水量作为公司原材料风险中考虑的要素，这也是美国证券交易委员会对公司公开上市交易的要求。随着当今社会对全球水资源挑战认识越来越深入，我们开始研究全球水资源挑战是如何影响公司的运转。我们通过与政府、民间社会、学术界和水资源保护组织等领导人建立联系,一起评估公司的水资源风险及其所在市场的风险。这项工作已经完成了一部分,如区域层面风险的定性评估,评估结论也证实了上述问题的存在且呈日渐严重化的趋势。这项评估工作的开展显示出我们公司对水安全风险的敏感,并激发公司在水资源管理改善方面的潜能。

通过全方位系统参与公司的运作,我们对上述问题的了解更加深入。在上述研究基础上,2005年公司针对各工厂展开了全方位的、定量化的水安全风险评估,以量化公司所面临的各种水安全风险,并从六个方面提出了应对策略:高效利用、合理合规、流域综合管理、供水的可靠性、社会环境和供水的经济性。这种由数据驱动、自下而上的方法,正好与我们公司高管系统中自上而下的管理职责相匹配。通过对问题的深入了解,我们制定了一种水资源综合管理战略,并在全球业务实践中不断完善。

在公司业务范围之外,我们还努力参与到当地社区、政府和非政府组织的行动中,共同保护流域,为社区提供必需的安全用水和卫生设施。公司通过与社区利益相关组织合作,共同提高水资源管理效率,体现了公司良好企业法人形象。公司在当地社区开展水土保持、植树造林、水资源和卫生设施供应等工程,目的是补偿公司成品饮料生产对水的消耗。我们在60多个国家开展了210多个工程,当所有这些工程开始发挥作用时,将有利于流域的水土保持,并为200多万人口提供安全饮用水。

公司在现有水资源管理措施的基础上,制定了具体的指导方针,指导装瓶可口可乐生产工厂在新工厂选址以及现有工厂运作中,采取责权利对等的管理方式。公司要求全球工厂的管理要考虑以下几点:

①工厂是否参与了社区和利益相关方的合作,去了解当地社区和环境的用水需求及挑战?

②工厂用水是否制约了当地社区民众获得足够和优质的水资源?如果是的话,在征求社会各界利益相关方后,将会采取哪些缓解措施?

③发现问题后,工厂是否通过生产方式调整来解决问题?

同时,我们还要求每个工厂明确他们与周围社区、环境共用水源的地理位置,从水量和水质的角度评估水资源的脆弱性,并与当地社区及相关政府机构合作,制定并实施水资源保护计划。

我们发现,未来水资源使用是否合理取决于两个关键点,一是我们公司和相关合作伙伴在能力建设方面的发展是否快速并可持续,这需要开发新的多功能工具来对效益进行评估,并对该工具使用方法进行培训;二是将我们行之有效的水资源管理方法提供给供应商,尤其是农业原料方面的供应商。

我们认为,通过水资源的有效管理,将有利于实现农业、工业、环境和社区的持续供水。目前,还没有任何单独一个部门可以解决这个难题。为了切实推动水资源管理方面的进展,需要采取公私联盟的方式,这需要政府投资以及多方的共同努力。公私合作能力,将会成为全球范围内水资源管理是否有效的重要检测指标。我们期待与所有组织一起工作——包括政府部门和私营企业——从而在解决水资源短缺这个关键问题上取得进展。

7.7　附:水资源相关领军企业的索引

CH2M HILL 集团

集团在其可持续发展报告中,专门设立了水资源的章节,并在博客/脸书网站开设了一个专题“作为行业领导者、首批 2005 年发表可持续发展报告的工程建筑公司之一,CH2M HILL 集团在其公司内部可持续生产方式方面的信息公开一直是佼佼者。我们的目标,一方面是控制公司生产带来不利影响,另一方面是通过提供成套服务,帮助相关客户变得更加可持续——无论是在总体规划、土地利用、项目管理、水、废水、环境工作、能源、运输、工业系统、生态系统,还是在废物管理方面。”

Cisco Systems 公司

公司在其 2009 年可持续发展报告中设立了水资源的章节。

在气候变化、全球人口增加、人类排污的背景下,我们深刻认识到水资源是宝贵且有限的这一现实。在美国加利福尼亚北部的抗旱总办公室指导下,Cisco Systems 公司在其生产运作过程中一直保持节约用水。

Cisco Systems 公司水资源管理计划的主要目标是:

● 在公司生产过程中的各个节点探求节水的可能性,并实施具体措施。

● 通过与当地政府、水厂、工厂房屋租赁者等伙伴合作,共同对我们生产过程中的节水措施进行实践,并努力探索更高效的节水方法。

水资源管理计划重点如下:

● 在 2009 年,公司已开始为全球水资源管理系统的完善开展基础工作。我们追踪了一些校园的用水情况,且对每个追踪点建立了一套独立的信息档案。在温室气体排放跟踪系统模型基础上,公司正在开发一个强大的标准化信息系统,用来收集水资源数据、评估影响,从而制定全球水资源战略方案。

● 在 2009 年,Cisco Systems 公司选择了规模最大的 11 个工厂,涉及员工约占员工总数的 61%，来研究水的使用以及当地水的供应情况。2009 年所有工厂的总用水量为 1654030m³，相比 2008 年有一定增幅，主要是由于 Cisco Systems 公司圣何塞园区的扩建。

● 在 2009 年，Cisco Systems 公司内部用水量降低的重点领域之一就是景观用水。圣何塞园区采取了一系列节水措施，包括使用再生水、安装灌溉控件、改变地面覆盖物、采用分离的喷泉，或将地面更换为由美国加利福尼亚州本土植物和抗旱植物组成的景观地坪。

● Cisco Systems 公司在当地办公大楼和数据中心的建设中，严格控制资源使用，以大大降低工程建设对缺水地区的影响。

Coca-Cola 公司

2010 年 9 月，公司与大自然保护协会共同发表一份重要文件《商品生产水足迹评估：公司水资源管理实践》，该报告展示了 Coca-Cola 公司产品和原料相关的试验细节。根据评估结论，公司产品水足迹的最大贡献主要来自田间，而不是工厂。

近期另一个关键的报告是《通过建立合作关系保护水资源：2009 年度总结》：

当涉及全球供水保障等重大问题时，政府、非政府组织或企业中没有任何一个部门可以单独应对，只有各部门通力合作才能应对。我们已经开始着手与世界自然基金会建立合作伙伴关系，共同实施改革，以保护世界各地的淡水资源。我们开展合作工作的 5 个目标为：①保护全球最重要的七大淡水流域；②提高公司业务范围内的用水效率；③降低公司的碳排放量；④促进农业可持续发展；⑤鼓励全球节约用水。

2009 年，我们的合作关系取得了显著进展，并在上述领域取得较大成功。该报告总结了过去一年的成就，针对上述目标逐条概述。

Dow 化学公司

作为全球化学界的领导者，Dow 化学公司通过将员工创造力与公司技术相结合，为向缺水人群提供更清洁和安全的水资源提供了创新技术——如低成本海水淡化技术、高效超过滤系统、高耐久性的水利设施建设材料、小型社区供水系统的可持续商业模式等。公司通过蓝色星球活动展开具体行动，以期通过技术创新来提高大家对这一问题的认识。

Dow 化学公司在水资源可持续利用及管理方面建立了相应的评价标准，带领大家一起解决全球水资源危机问题。为了保证足够的水资源供应量，Dow 化学公司在化学领域进行技术创新及应用，来应对淡水资源匮乏、灌溉用水效率低下等挑战。Dow 化学公司将在专业技术和商业模式两方面进行创新，以降低水质净化成本，显著提高工厂的用水效率，并借助合作伙伴关系进行广泛宣传，从而提升全球的水资源危机意识。

Halcrow 集团

工程未来联盟发布了 2010 年报告《全球水安全：从工程的视角》，Halcrow 集团是主要研究部门。据 Halcrow 网站介绍：该报告针对全球越来越严峻的缺水问题，开展了为期 6 个月的研究。报告结论是，全球水资源安全受到各种来源的压力——全世界人口的爆发，农村人口向城市的快速转移，人类饮食习惯的改变，水环境的恶化，地下水的过度开采，以及气候变化导致的不容忽视的问题。主要建议包括：各国水务部门都需要制定水资源综合管理和可持续发展政策；世贸组织应当解决水安全战略问题；水安全应成为英国国家层面政策要考虑的核心问题——政府通过对国内水、食物和能源安全之间相互关系的评估，制定针对性的国家联盟政策，以达到最佳平衡状态。

2010 年，Halcrow 集团成为联合国全球契约"CEO 水资源管理使命"计划的成员。作为全球水工程公司的领先者之一，Halcrow 集团面临了许多与缺水相关的工程挑战，涉及多个国家，包括美国、智利、阿根廷、约旦、英国、阿联酋、印度、菲律宾和澳大利亚。

Hindustan Construction 公司（HCC）

HCC 公司的相关工作报告被纳入 2009 年亚洲水安全领导小组报告《亚洲的下一个挑战：未来区域水资源的保护》。HCC 公司的"CEO 水资源管理使命"工作执行报告详述如下：作为亚洲水安全领导小组一员，Hindustan Construction 公司董事长 Mr. Ajit Gulabchand 于 2009 年 4 月提出一种观点，即私营部门应与政府一起合作，共同构建"水利基础设施应对指数"的评价指标。领导小组一致认为，对于亚洲水安全问题制定的相关政策，应充分获得公众和党派的支持。

为促进农村地区的节约用水、环境卫生改善和垃圾处理系统建设，HCC 公司已实施了水资源管理、环境卫生和固体废物管理方面的项目。作为联合国全球契约"CEO 水资源管理使命"计划的唯一印度签署成员，HCC 公司首次在印度实施了联合国全球契约组织行动，主要任务是识别同时出现的水资源供应和卫生设施方面的问题。目前这两大问题正面临着一系列挑战和风险。

Nestlé 公司

Nestlé 公司已经长期关注了水资源相关的问题——公司的第一个污水处理厂建设可追溯到 19 世纪 30 年代。如今，水资源是公司发展首先考虑的环境要素，而水资源高效管理是公司创造价值的核心。以全球企业公民的角度来看，Nestlé 公司在 2030 水资源小组中一直发挥主导作用——联合国全球契约"CEO 水资源管理使命"计划的首批签署国之一。

Nestlé 公司以水量、水质标准为基准建立水资源评价系统,对当地水资源的使用情况进行监测与管理。此外,再加上严格的管理制度,2009 年公司实现减少用水 3.2%,其中用水总量减至 1.43 亿 m³,单位产品用水量减至 3.47m³/t。按此比例推算,2000 年以来公司用水总量减少了 33%,而公司生产量却增加了 63%。公司的目标是,通过提高用水效率,保证未来 5 年用水总量进一步减少 10%~15%。

PepsiCo 公司

2010 年 9 月,PepsiCo 公司发布了一份关于水资源的重要报告《水资源管理:有利于企业,有利于社会》:

正如这份报告表明,许多公共部门和私营部门都认识到全球水危机的严重性,并通过具体行动来解决这一问题。该报告首先强调了任务的艰巨性,并指明目前仍有许多工作需要开展,只有各国政府、非政府组织、企业和其他利益相关者之间保持长期有效的合作关系,才能确保在这一问题上取得显著进展。

在过去长达十年中,PepsiCo 公司通过与大量的全球组织、地方组织合作,采用各种方法来应对这个问题,其中公司内部生产方面主要是提高用水效率;公司的商业链,如企业、供应商和社区伙伴方面主要是减少用水量、提高用水效率。近期 PepsiCo 公司通过全球合作,开展了水资源可持续利用的实践,相关音频可在以下网址下载:http://sic.conversationsnetwork.org/shows/detail4551.html.

Rio Tinto 集团

2009 年 4 月,Rio Tinto 集团发布了重要报告《Rio Tinto 集团和水》:

报告针对水资源高效管理,提供了公司实施的 Rio Tinto 集团水战略计划和管理方面相关的信息。对于 Rio Tinto 集团一类的公司,不能把水资源作为一种廉价的商品;相反,水资源是一种共享资源,各公司必须通过合作来确保用水效益的最大化。过去公司重点关注的是,产品生成过程中水资源消耗对环境的影响。自 2005 年以来,综合考虑社会、环境、经济等方面,公司开始采用了更具战略性的水资源管理方法。公司对水资源管理方法不断实践,并与其他公司一起开展水资源的可持续管理,以更好了解水资源在公司业务决策中的重要作用。在经济不景气时期,更需要强调水的使用是需要成本的。水资源节约不但可以产生社会效益和环境效益,还能培养公司不浪费水、节约用水的良好意识。

SABMiller 公司

2009 年,SABMiller 公司发布一项重要文件《水足迹：识别和解决水价值链中的水资源风险》,"这份报告详细阐述了世界自然基金会和 SABMiller 公司的观点。世界自然基金会、SABMiller 公司通过与 URS 咨询公司共同合作,开展了南非和捷克啤酒生产链中水足迹的研究。该研究计算了 SABMiller 公司在这两个国家啤酒厂的平均水足迹,并基于此计算成果,提出了应对措施。这项研究不仅计算出基础的水足迹数据,还考虑了水资源使用区域及其周围环境的影响——尤其是考虑特定流域环境下不同农作物的用水情况。"

通过与世界自然基金会合作,公司 2010 年 9 月发布一个报告《水未来：携手共建一个安全的水未来》。根据 Environmental Leader 网站介绍：报告在地图上标识了秘鲁、坦桑尼亚、乌克兰和南非的水足迹,并识别了各个国家面临的水资源挑战,以及这些挑战是如何影响 SABMiller 公司的运营。该报告的一个重要发现是,SABMiller 公司水足迹的最大贡献是由农作物种植提供的。SABMiller 公司在上述 4 个国家子公司的产品,90%耗水量与原材料如啤酒花、大麦的种植相关。然而,不同国家农业耗水量差别很大,如南非每升啤酒耗水量为 150L,而秘鲁只需 55L。

在 SABMiller 公司的网站上,可持续发展部门负责人 Andy Wales 解释说,"水足迹的计算使 SABMiller 公司了解到,未来公司供应链中哪些部分可能面临缺水或水污染问题,这也意味着我们现在可以开始规划,以应对这些未来的挑战"。

2009 年 3 月,Standard Chartered 银行发布了一个重要报告《水：真正的液体危机》："淡水是人类生活和经济发展的基础。亚洲、非洲和中东部分地区面临特别严重的缺水问题。人口增长、经济发展、污染和气候变化使该问题进一步加剧。这些问题的解决需要经费投资、经济效益和政治意愿的支持。当前的经济动荡形势和财政激励举措,为解决水资源相关的问题提供了一个很好的机会。"

Syngenta 公司

Syngenta 公司网站上设有水资源专栏"水的高风险性"："Syngenta 公司认为,为了缓解水资源的短缺,首先需要从农业政策上提高用水效率。种植者需要激励机制、基础设施和财政方面的支持, 在作物生产方面探索高效用水的创新途径, 以实现更好的水资源管理"。Syngenta 公司关于最新的"用水高峰"研究成果详见：http://www2.syngenta.com/en/media/pdf/inthemedia/20101021-tefr-oct-nov-2010-peakwater.pdf。

Unilever 公司

2009 年, Unilever 公司发布了一个关于水的重要报告《Unilever 公司与农业的可持续发展:水》。根据 Unilever 公司网站,"1997 年以来,公司农业可持续研究团队在 15 个国家开展了 10 多个试点项目。这份关于水资源的最新报告展示了这些项目在水资源管理方面积累的专业知识,比如,如何与供应商、合作伙伴一起工作,以更有效的使用和保护水资源"。报告称,"对于 Unilever 公司的食品,大部分水资源消耗是由于产品链上游农业原材料增长导致的。此外,公司在农作物生产和产品生产过程中消耗水资源,消费者在食品、护理产品的消费中使用水资源。Unilever 公司未来的成功,将取决于农民是否能够提供高效用水的农业原料,以供公司产品的大规模生产。水资源的短缺要求企业提高用水效率,就像石油价格上涨意味着公司需要更节能。"

第8章

金　融

本章探讨水与金融之间的关系。过去3年中,许多公共机构、私营机构、学术和非政府组织等代表参加了水资源相关的各种论坛和研讨会。本章的观点主要来源于这些代表的论述。

8.1　背景

在世界经济体系中,金融领域与水资源领域的关系看起来并不密切,然而在现实中,金融——水的关系既历史悠久又错综复杂。两个世纪前的一个重要案例,已显示出他们之间的关系不可分割。

目前, 占世界主导地位的货币仍然是美元。该货币的价值基础是由 Alexander Hamilton 建立,他是联邦金融系统一个公认的金融天才和先驱。大家所不知道的是,在早期公私伙伴关系开拓时,Hamilton 是美国第一个供水和卫生设施公司的控股投资者之一。

1799 年,纽约作为海水包围下众多未开发岛屿上快速发展起来的大都市,与当今发展中国家的大多数城市类似。随着疾病的传播和人类对水资源需求的增长,一个商业提案摆在当时的美国财政部长 Hamilton 与副总统 Aaron Burr 面前。这个提案使他们发现了一个利润丰厚的垄断市场,即为新城市供水。由此他们合作成立了一个企业,就是曼哈顿水务公司。

曼哈顿水务公司通过渡槽将自来水输送给城市人们,由此获得了水资源的专用权。他们设置了一个"天然垄断",不容许任何企业竞争和获得水源的永久使用权。为建设输水的基础设施,公司前期投入大量经费。当遇到合适的机会时,他们会再一次投资以获取利润。

城市供水流程一旦启动起来,他们就会抓住所有节约成本的机会。由于没有竞争,公司获得了可观的利润。Burr 利用公司股权、资本和收益进行杠杠式投资,并进一步进行担保贷款, 最终建立了一个全新的银行——现在的大通银行——纽约 Hamilton's 银行的竞争对手。

与现在一样,当时的水资源也是一种独特的商品,没有替代品或其他选择,需求量极高,且市场价格波动很小。根据前几个章节所示,未来水资源利用充满挑战,今天的投资者能否如之前的 Hamilton 和 Burr,在未来 20 年还可利用水资源获利?水资源和金融之间是如何相互作用的?到 2030 年,在水和金融的相互作用下,会发生怎样的趋势,产生怎样的影响?

8.2 趋势

水资源相关业务的投资

为了跟踪并评价全球涉水制造业(管道、泵、海水淡化、新水力技术开发等厂商)、全球供水和污水处理公司的用水情况,市场上已建立了各种用水评价指标,也涌现了一批对冲基金。越来越多的金融分析师发现,无论是发达国家还是发展中国家,未来对水和卫生等基础设施的需求都非常高,这将是一个十分有吸引力的投资机会。由于与水资源相关的股票比较安全,可长期持有,因此可纳入养老基金,从而抵消他们的负债。私营银行通常把水资源投资作为一种安全的投资推荐给客户,从而满足客户要求的收益率稳定、波动小。

社会经济的发展将驱动不同金融分析师参与上述投资。水资源是一种没有替代品或其他选择的商品,而且人的一切活动又都离不开水。分析表明,2030 年全球水资源需求与供给之间将面临 40% 缺口。正如前几章表明,不论农业、能源、城市、企业乃至国家发展,所有与水相关的趋势线都是持续上升的。

为了应对如此大规模的水资源挑战,世界上涌现了一批新技术和新商业模式。新的膜技术意味着污水处理厂的本地化、小型化、安全化。若能开发一个新的模式建设发展中国家的厕所,这将可能是一个价值数十亿美元的市场;此外,目前也正在开展渗漏控制、水质改善、水蒸气转换为雨水等方面的创新工作。当前,大量投资被用于新型水源的开发,如海水淡化和中水回用,其中重点用在规模扩大和成本降低方面。这些技术与商业模式的发展,将为农业—能源—城市与水之间的关系贯通提供重要基础。

因此,未来 10 年越来越多的风险投资将会用于新技术的开发和服务方式的创新,可以预见,金融部门将会集中关注提升用水效率的蓝色科技方面,就像近期兴起的绿色能源热点一样。世界经济论坛的技术先锋组织已认识到,从事水资源技术创新的相关公司都在蓬勃发展。澳大利亚、以色列、新加坡能否占领"蓝色企业科技园区"前沿,推动这一创新浪潮,从而为他们应对长期水安全挑战提供重要机会?

根据 Goldman Sachs 集团评价,每年全球水资源服务市场总额约为 4000 亿美元,且后期将不断增长。OECD 的目标更高,预计到 2015 年全球用于供水和污水处理服务的年均投资约为 7720 亿美元。

正如本书前列章节所述,目前关于水资源市场规模的预测是合理的,特别是在亚洲地区。根据供水部门 CEO 领导小组调查,供水和污水处理相关企业的生产总值增长率通常比整个国家的国内生产总值增长率高 2~3 个百分点。因此,至少在未来 10 年内,投资者将会被吸引至发展迅速的亚洲市场。回想一下,中国 669 个城市中有 60%面临着缺水,截至 2005 年,近一半城市缺乏污水处理设施。

预测结果显示,海水淡化市场行情也在看涨,当前正是该市场的加速增长期。到 2015 年,中国、印度、澳大利亚和美国的海水淡化市场年增长率将超过 20%。截至 2015 年,新的海水淡化厂总投资可能超过 300 亿美元。各国都开始规划(或重新规划)修建跨流域调水工程,且工程的规模越来越大,如中国的南水北调工程、印度的水系连通工程,以及北非、撒哈拉以南非洲和中东的各大运河工程。由于未来 10 年水安全挑战将越来越凸显,各国政府将重点关注大型水利工程市场。

与此同时,水资源利用和能源使用的相互作用是一个值得关注的新领域。水服务公司(称之为 WATCOs——向其他公司或商业机构提供水资源服务,如提高水资源利用效率、提供管道漏水检测和修复服务等,目的是为他们节约成本)能够采用与能源服务公司(称之为 ESCOs——向其他公司或商业机构提供能源服务,提高能源利用效率,目的是为他们节约成本)一样的商业模式,针对综合型企业等重点客户,提供水资源利用效率提高的相关服务,从而为客户未来水资源使用节约可观的成本,并规避相关风险。同时,WATCO 也为客户提供未来节水情景的一个案例。我们设想能否将 ESCO 和 WATCO 服务合并,同时为客户服务?随着资源使用相关的法规标准越来越严格、成本越来越高,能源利用和水资源利用之间的相互作用,将衍生出新的商业增长点,尤其是在是在亚洲和太平洋地区的农业部门、城市部门及交叉部门。

在此背景下,基金经理愿意为此类蓝色科技活动进行风险投资。这类投资具有很大的吸引力:供应萎缩、需求猛增、没有选择或替代品、竞争有限、价格波动相对较小(由于由公共部门定价)、容易计算出收益与识别关键风险。

水资源类基金和其他商品投资的对比

现在,一些评论员认为水资源类基金比石油类基金更值得投资。作为商品,石油和水资源的价格正以相似的速度增长,但水资源价格的不稳定性更小。自 1989 年以来,石油每年价格涨幅已达到 6.2%,而水资源为 6.3%;另一方面,同一时期内石油价格波动幅度上涨了 43%,而水只有 4.2%。与石油不同的是,大多数水资源市场是公开运行的,因此水资源的价格波动幅度存在上限。

对水权投资

从投资的角度来看,水权的原始经济价值也引人注目。以中东里奥格兰德新墨西哥州水权的历史价格为例,据不完全统计,在房地产多年泡沫中,水权价格从 1993 年的 1000 美元/acre-feet 上涨至 2006 年的 5500 美元/acre-feet。如今一些具有创新思维的投资者都在水资源领域寻找机会,这可能是未来对水资源作为商品赋予其市场所有权的信号,这也是水资源市场中需要政府明确规则的信号。

根据 2008 年 Bloomberg 商业周刊的文章,商人 T.Boone Pickens 在过去 8 年投资 1 亿美元购买得克萨斯州的土地和其相关的水权, 希望未来以一个更高的价格向达拉斯—沃思堡出售。自从 Pickens 先生购买水权后,一些地方水资源的价格已经翻了一番(涨至 600 美元/acre-feet)。

水资源作为一种商品,我们应对不同背景下水资源的所有权问题进行思考。在近期中国的世界经济论坛中关于水资源的一次全体公共讨论会上,冰岛总统指出,近期在遭受如此严重的金融危机冲击下,他们是如何将淡水装入改建的石油运输游轮中,出售给沙特阿拉伯。

为水利基础设施建设寻找融资

一个长期困扰水利基础设施建设的挑战,就是项目融资需求越来越大。虽然水利基础设施建设具有数 10 亿美元的市场潜力, 但 Goldman Sachs 集团、OECD 及其他部门都认为,全球能够提供的水资源投资和建设所需资金之间存在一个很大的缺口。根据联合国发展计划署统计,每年需要额外 100 亿美元的水利基础设施建设投资,来满足千年发展目标(MDG)。

对于许多发达国家,由于需要留有充足的流动资金,同时要承担政府的日常开支,因此很难通过提高政府开发援助(ODA)来填补这一缺口。此外,从历史上来看,政府在 ODA 填补缺口方面并不比在政府支出方面做的更好。因此,政府以及工程项目规划者不得不把目光转向私人资本市场,以期获得一定规模融资来满足工程建设的需求。然而,私人资本一般不会从道德方面考虑水、卫生设施、水资源管理方面投资的需求。针对发展中国家水利基础设施的建设,通过组合国家利好政策、引入前瞻性的国际金融机构,能够有效提高私人投资者的风险回报比,从而吸收私人资金为项目提供一定规模的现金流,成为填补水利基础设施建设资金缺口的重要部分。

2001—2003 年,国际货币基金组织(IMF)前主席 Michel Camdessus 对上述现象开展了全面调研,以探索水资源领域吸引新投资的方法和手段。具体而言,该研究小组针对以下问题寻求答案:"如何筹集财政资金,用于实现水和卫生两方面的千年发展目标?"2003年,京都举行的第三届世界水论坛上,该小组通过一份报告《共同为水投资》发布了相关的调研结论。从某种角度来说,该小组也是联合国秘书长2010年成立的高级金融小组的先锋队,主要任务是探索融资方式,以帮助发展中国家在哥本哈根协议下应对气候变化。该小组8年前发表了《共同为水投资》,其成果越来越得到大家的认可。

根据该小组的统计计算,在发展中国家和新兴国家,目前用于新建水利基础设施方面的支出约为800亿美元/年,预计2025年将翻一倍以上,达到1800亿美元。增加的支出大部分将用于家庭环境卫生、污水处理、工业废水处理、灌溉和水资源综合利用等方面。这些支出大部分来源于国内外的私人资本市场。为了帮助政府获得这部分额外所需的投资,该小组提出了一系列建议:

①每个国家都应从政府层面制定水资源相关的政策与规划,包括如何实现和超越千年发展目标的具体计划,并列为政府开发援助中水资源协议的附件。

②地方行政部门(例如地方政府、水利部门)执行相关任务时,财政部门应给予足够的经济自由权。市一级人民政府应当尽力筹集资金,建立信用联盟服务。运行良好的国家开发银行,可为地方部门提供部分资助资金,并同时对地方部门进行信用评级。捐助者和多边金融机构应对地方部门提供技术支持、援助、贷款等,并实施宽松的借贷政策。

③无论公共供水部门还是私人供水商,都应尽量从当地借贷资金,从而降低外汇风险。各国政府和央行都应鼓励本地资本市场的发展,并吸引更多的当地储蓄(养老基金、证券投资基金和其他机构投资)进入当地的银行网点。多边金融机构应尽量采用担保或其他手段,鼓励更多的本地长期贷款,为本地资本市场筹集更多的资金来源。

④供水服务商应预计未来所有的现金流需求,包括他们的日常开支,并在此基础上制定可持续的长期成本回收政策,确保足够的收益。长期可持续回收的成本包括经营成本、融资成本,以及更新现有基础设施的成本。此外,物价上涨带来的成本应由用户承担。在部分成本可持续回收的条件下,所有用户需要支付的费用也不尽相同。用户承担的水费可通过税收结构来调整,包括当地的交叉补贴政策(例如设置阶梯式电价结构)。在公共预算中,由纳税人提供的一部分日常费用,经过一个长过程的财政转移支付,通过协议担保给分配商。当然,这个财政转移支付政策应与政府的政策相一致。

⑤该小组建议,供水部门成立初期的周转基金应由财政拨款支付,包括各类部门筹备与组建的公共成本,如构建包含私营部门的结构体系或其他新型结构体系,以及实施由发展中国家提供专业协助的合作计划等。

⑥由于水资源投资具有资本高度集中的特点,专家组认为,发达国家的政府应共同创

建一个专门的国家或国际机构,为即将开展的政府开发援助提前资助预付款。

⑦该小组发现,在资助发展中国家进行水利基础设施建设时,阻碍国际资金(外资银行的债券和股票)加大投入的因素主要包括主权风险、外汇风险、项目融资的大量前期费用、小规模项目的相关费用(受 OECD 相关规则限制,组建出口信贷产生的费用)。该小组还发现,有利于国际资本流入的措施包括,银行建立了记录追踪系统,对通过开发地方资本市场为水资源项目创造效益的案例进行示范,强化 MFIs(多边金融机构,如世界银行和 International Finance 公司)与出口信贷机构的主权风险意识。

⑧多边金融机构的作用至关重要。多边金融机构在制定担保约束条件或者惩罚措施方面,应不断完善资本提取的相关政策。为了更好地参与进来,多边金融机构应当考虑调整相关约束条件,比如他们可以单边自由地提供担保,而与实际的贷款无关。

其实早在 10 年前或更早,大家就已经有了上述认识。但有趣的是,即使在目前气候变化相关的金融争论中,早已达成为低碳基础设施融资的共识,但与 2003 年相比,当前的国际资本市场仅发生了微小的变化。在私人资本市场中,关于水资源(或低碳)基础设施的投资还未发生跨越式改变。但是,在未来 20 年内若要应对这些不同的融资挑战,这个跨越式改变将是必需的。

目前,来自私人资本市场、项目实施部门、政府发展机构的投资者将共同合作,为蓝色和绿色基础设施建设成立一种全新的公共—私人基金。通常,各国政府为了吸引优良的资金流,在管理方面会实施全国用水计划,该计划与气候变化相关的国家适当减缓行动(NAMA)计划相似。

因此,对于发展中国家,水和低碳投资议程中的融资及管理计划可一并实施。通过实施连续的政策改革,建立更通用的公共—私人基金机制,来解决这两个领域合并的附加问题(由于投资组合产生的集中与分散的风险)。Camdessus 小组的调查结果和气候融资高级小组均提议建立一个强大的平台,为发展中国家实施一套新型的公私、蓝绿基建基金计划。

8.3 预测

未来 20 年,若来自风险投资、私募股权和投资银行的投资能够达到一定规模,确保水资源技术市场规模的扩大和流通,那么这对未来水安全的保障是十分有益的。但是,对于拥有健全水资源管理体系、水安全风险较低的经济体或地区,投资一般源于商业利益。因此,政府实施改革的力度对上述投资的吸收与否至关重要,尤其是在发展中国家;否则,只在较发达的国家,民间资本被吸引至水资源方面的投资,然而这些国家的水资源问题可能并不紧迫。

到 2030 年,水资源还无法作为全球大范围内交易的商品。首先,水资源无法在全球市场范围内定价,因此无法建立一个水资源领域的全球贸易平台,即意味着投资者不能像其他商品一样交易水资源;其次,水的重量很大,其运输成本通常是水资源自身市场价值的数倍。所以,建立水资源全球贸易实体市场的可能性非常小。一般水资源只能在地区、局部或国内市场进行交易。

一些人认为,建立水权的全球市场,而非物理意义上水资源实体交易市场,应该是可行的(可能是“虚拟水资源市场”)。一些投资者猜测,随着水安全风险的增加,水权的虚拟交流市场将会出现,这可能导致水资源期货及其衍生品的准全球市场平台出现——导致虚拟交易的水权价格在接下来的 10 年可能开始显著抬升。这些现象在农业水权交易方面将尤其明显,囤积者现在以低价格购买水权,然后等待至未来再出售水权。支撑这一虚拟金融世界的将是已建立的水权交易市场网,包括澳大利亚、中国、印度、美国已实施和即将实施的水权交易计划。如果我们不加以管制,这种虚拟市场对社会的影响将令人担忧。

在水利基础设施建设融资方面,若缺乏政府和其他部门的联合推动,来促使公—私基金的创立和市场交易的起步,从而进一步促进资本市场的形成,那么在大规模内实现 Camdessus 小组的建议是不太可能的,更有可能出现的是一些零星的创新,正如目前实际发展的情况一样。

8.4　启示

各国政府及地区在缺水区域实施渐进式的水资源政策改革,将获得经济上的三赢:一是留住并吸引了一批企业;二是为国家的水利基础设施建设吸引更多的外来资金;三是提升了国家的水资源管理水平,从而增强了国家的经济实力。而在水资源政策改革方面落后的政府及地区,将无法获得上述经济收益。

应水资源市场需求而发展起来的相关机构,不再将他们的债券和股权投入水资源项目,而是更倾向于在国家政策改革的大背景下开发应对风险的相关工具,帮助政府吸引民间资本进入水务部门,从而促使社会经济的发展。在这种情况下,国际援助和多边金融机构的角色定位将发生改变。但是,若没有一些国家带头进行政策改革,或发达国家未能与投资者合作制定新的融资规划,那么无论是政治上还是经济上,大家行动的意愿将大打折扣。若投资只是为了解决表面问题,就事论事,那么“看不见”的水资源危机可能会长期存在。

国际和区域金融监管机构也必须意识到,未来 10 年内将会出现的水权交易及期货市场将对经济和政治带来哪些潜在的影响，以及他们应该制定哪些相应的规章制度来管理水资源的虚拟交易。

8.5 展望

　　为了更有效地分配水资源，当地、区域或国家层面均可引入市场机制，从而为水资源相关部门吸收资金投入。例如，Murray–Darling 流域建立的水权交易市场，通过发出价格信号，激励大部分农作物转换为高价值作物。2000—2005 年期间，该市场将澳大利亚农业生产率提高至 36%，同时保护和发展了工业，并建立了大型水资源金融市场（在 2007—2008 年价值 17 亿美元）。

　　根据澳大利亚的经验，水资源市场开发的重要一步是建立明确、可维护、也可被剥夺的水权。为实现水资源优化配置、提高水资源利用效率，必须在政府有效的干预范围内，开发一个公平的市场。相关研究展示，一个好的企业应具备水资源保护和水污染治理能力，更重要的是，他们是能够帮助其他企业在健康、稳定、水安全的氛围中生根发芽并茁壮成长。经验表明，这不仅仅是简单地提高水价，需要启动更复杂的改革议程，包括以下内容：

　　①明确提出地表水和地下水的可利用率，以及现状水平年和规划水平年下生态、社会、农业和工业的水资源需求量。

　　②成立一个组织，有效应对能源、工业、农业等各个方面的水资源问题。

　　③将水资源作为一种清洁能源，推动水资源高效利用技术的开发和应用。

　　④建立稳定、公开的水资源分配制度，包括产权制度，使每个人知道他们有多少水资源可以使用或转让。

　　⑤建立成本回收制度，利用回收的成本，承担这些固定资产的运营、维护和更新。

　　⑥鼓励私人（有意愿的卖方与买方）水权交易，以实现水资源的转移，从而真正实现水资源的边际价值（通常远高于政府准备的经费）。

　　多边金融机构和投资者合作创建的新型基金，是水利基础设施建设的一个潜在投资来源。目前已创建的一些新型试点基金（可能并入气候融资议程），可为发展中国家提供绿色（低碳）和蓝色（水）基础设施综合建设项目投资。这将为投资者和受援国政府增加项目投资机会，并在多个层面保证资金和项目规划的连续性。

　　世界经济论坛投资者之间的内部讨论显示，很多投资团体有意愿在发展中国家的低碳基础设施建设中处于领导地位，并从中寻求投资机会。那么，他们也非常有可能愿意在水资源市场中发掘投资机会，如参与上述的基金组合投资。考虑到多边金融机构在规避风险和增加边际回报率方面能够发挥重要作用，这些投资团体的领导者为了确保他们的参与，需要通过一个多边金融机构与政府部门(国内和国际)开展持续的对话。

在低碳领域，现已公开或正在开发大量公私基金模式相关的模型、工具和机制，为上述对话提供一个平台。但是，民间投资者还是希望这些能够进一步具体化和明确化，而不是发布另一个 Camdessus 样式的报告。他们正通过国际平台上的政府间组织，利用"现场"交易机会，积极参与讨论。

因此，基于上述交易机会的公私投资意愿一旦被激发，那么一种新型的公私融资规划将成为可能。现在的问题是，当前的水资源议程是否沿着这条路线，为开展实体部门试点做好准备？

8.6　观点

以下个人观点详述了本章涉及的主题，主要列举了水与金融之间关系的最新观点。以下观点并不一定代表世界经济论坛的意见，也不一定代表其他参与的个人、公司或机构的意见。

● International Finance 公司全球基础设施和自然资源部水资源全球主管 Usha Rao-Monari，针对发展中国家，提出了水资源相关项目融资挑战以及融资机会中的关键问题。

● Standard Chartered 银行客户中心的全球主管 Alex Barrett，论述了为什么水资源对金融机构很重要。

● 世界自然基金会淡水资源管理者 Stuart Orr 和南非世界自然基金会顾问 Guy Pegram 认为，一个企业若想有所作为，而不是简单地增加收入，那么对水资源定价是一件很难的事，尤其是在农业领域；同时他们也提到，为什么不把水作为一种商品来交易，从而为其制定价格和相应的市场规则？

● 美国加州大学伯克利分校教授 David Zetland，在上述框架之外，论述了全球水权交易能力的开发潜力以及所需投资等方面的观点。

● 富有声誉的记者 James G. Workman，探索了美国加利福尼亚州索诺玛郡创新研究的案例，即当地的水权实际上已被分配给民众，并可进行交易、积累、存入银行或出售。

水融资

International Finance 公司全球基础设施和自然资源部水资源全球主管 Usha Rao-Monari：

水资源利用与管理水平的高低，是一个国家经济增长和减少贫困的关键。过去 50 年全世界人口由 30 亿增加到 65 亿，而水资源的使用量却翻了 3 倍。人口增长与城市化、经济发展、产业化相叠加,已使水资源的利用变得不可持续。另一方面,人口增长还意味着粮食需求的增加,这将推动农业灌溉规模的扩大,而灌溉是水资源利用效率最低的用水户之一。此外,为满足国家的经济发展与能源需求,需要建立产业化的工厂和发电厂,这都需要使用大量的水资源。然而,目前的现状是极端气候现象频发,水质日益恶化,对水资源及相关行业带来不利影响。

大家普遍认识到,水资源相关行业发展的主要制约因素是可用资金的缺乏,而且该行业的发展通常与以下风险息息相关:商业的风险(税收、现金流、信用风险),政治的风险(征用、政治干预、货币贬值),法律、法规和合同相关的风险,水资源相关的风险(缺水、洪水、水污染、水资源分配),以及信用的风险。另外,更重要的是,水务部门是一个独特的部门,具有以下特征:

- 水务部门的管理相对较落后。直到近期一些国家才认识到,水是一种稀缺的资源。
- 水务部门的决策通常十分分散,而且是处于政务管理的最底层。
- 水资源很难用价格来反映供给和需求的关系。
- 目前供水和用水相关的基础计量信息是十分短缺的。

水资源行业所需的融资规模大、方式复杂,加之该行业特有的风险,意味着该行业的投资不仅需要公共部门和民营企业参与,还需要同时从供需两个方面考虑投资。为适应气候变化,水资源部门需要更多的投资,尤其是在投入一直不足的领域,如生态需水的保障。上述所需的投资若无法筹集,不仅意味着只能有限地开发和使用水资源,更重要的是,水资源缺乏将对社会各行业带来不利影响。

未来水资源方面融资,不能延用过去的经验及历史方法,而有必要进行水融资方式的转型,建议从下几个方面考虑:

- 水资源供需方面的管理与资金筹措:水资源设施方面的管理及融资与卫生设施方面是不同的,且两者之间存在竞争关系。以往水资源方面的管理与融资一般以供应方的基础设施建设为重点,侧重于水资源实物供应。而目前,大家一致认为应同等重视并解决需求和供应两方面的问题,以确保水资源的可持续利用。未来水资源部门的融资将同时考虑需求和供给两个方面,并鼓励采用市场分配机制。

- 数据信息库:以往由于基础信息十分缺乏,导致投资需求评估不够准确和精确,难以支撑相关决策。未来的水融资决策,应建立在详细、全面的国家级数据库基础之上。

- 基于成本的分析框架:投资和融资决策不仅要基于准确的量化信息,还应采用考虑最低成本的分析框架。这里所指的成本不应只考虑经济成本,还应考虑"易于实施"的成本,在此基础上对管理和具体实施进行变革,从而促使投资和融资决策的最优化,例如应鼓励对效率提高措施进行投资,而不是对基础设施建设进行投资。

● 民间企业的自然属性：公共财政投入对于实现国家水安全一直至关重要，当政府部门已经变得十分高效，可保持水安全的长期可持续性，那么此时民间融资和民营企业的参与将越来越重要。考虑到水资源行业特有的风险，为适应水资源新的开发和利用方式，水资源领域的融资模式可能会改变。虽然该领域投资的直接经济回报有时是有限的，但总体回报是可观的，包括人民健康、社会发展和经济增长等。

● 气候变化的影响：根据预测，未来气候变化的幅度将加大，干旱和洪水灾害频发。为适应气候变化，需要加大基础设施建设方面的投资。此外，气候变化对生态需水也有一定影响。因此，水资源领域融资结构的完善应考虑气候变化的影响。

● 需要大幅提高管理水平：加强管理，不仅可以提高工作效率和服务质量，还有助于水资源领域投资和融资决策。例如，现金流增加有利于促进公共事务的高效管理，从而减少管理成本。

● 通过成本回收和资源定价，实现水资源行业可持续发展：在水资源行业，通过税收和其他资本流入等方式持续回收成本，从而实现该行业的长期可持续发展。水资源及相关服务的定价，需要保证使用者之间的分配公平，并时刻记得满足穷人供水和卫生服务的需要。

● 提高决策的级别：目前水资源和卫生服务的供给主要由当地政府部门承担。未来水资源方面的融资决策应提升至更高的政治层面，例如，财政、城市、农业、电力、区域发展、环境和公共健康等与水资源相关部门的领导，都应全面参与水资源领域的投资和融资决策。

● 创新是关键：未来水资源领域的可持续发展，将依赖于服务交付模式、技术、财务等方面的创新。如海水淡化新技术一样，采用分散式或独立的交付模式可降低融资需求。更为重要的是，未来发挥重大的作用将是兼顾新融资来源的金融产品——直接利用税收（如污染税）、利用水权市场进行水资源交易、利用农民补贴激励节水灌溉技术的使用等，都是该领域中投资和融资创新的范例。

迎接水挑战

Standard Chartered 银行，客户中心的全球主管 Alex Barrett：

由于企业发展各环节都需要水资源，那么全球经济增长最快的时候，自然也是全球缺水最严重的时候。如中国和印度，其庞大的人口、飞速的发展、严重的水资源制约，再叠加气候变化的影响，将承受更严峻的水资源短缺压力。三十年快速的工业化发展，为中国遗留下严重的水污染问题。

然而，在中国"危机"与"机会"并存。国家启动大规模的财政刺激计划，同时为现代经济危机期间的水资源问题解决提供了很好的机会。政府若能确保水资源供应,即为保障经济增长奠定了基础。

各国政府将在各个阶段应对水资源挑战。首先,政府需要准确计算各个流域的水资源需求量和供应量,并制定区域解决方案;然后,将水资源短缺提升为高级别问题,在各国之间、各个部门之间协调;最后,他们将建立一个统一可靠的框架来鼓励投资与创新,并通过财政部门可持续地分配资金。

上述措施不会在一夜之间奏效。但是,这种转变一旦实现,将带来无法估量的效益:社会经济又好又快持续发展;国家生产出足够的粮食,来供养数量不断增长、生活水平不断提高的人们;同时为穷人和富人改善健康、提高生活质量。

水,农业,生存成本

世界自然基金会淡水资源管理者 Stuart Orr,和南非世界自然基金会顾问 Guy Pegram:

许多人认为,可通过调控水资源价格保证农业部门的生产力和水安全。他们认为,通过为灌溉定价或建立灌溉市场,可有效地分配水资源,并促进灌溉高效技术的开发,从而缓解水资源不足的压力,并为具备购买能力的农民保证供水。

目前这一说法貌似在理论上行得通,但还没有事实依据来证明。

每个国家政府应考虑到,水资源不仅是一种商品需要经济投入,还是所有经济活动的生态基础。由于每个流域的水动力特性不同,因此与水资源相关的经济活动也是不同的,如水的自然脉冲特性和流动特性,决定了取水的位置、数量和时机。然而,"自由市场"不会关心当地的生态环境,也不会关心社会中各种用户的多样化用水需求。但是,若缺乏强有力的监管机制,纯粹按照经济的方法来分配水资源,那么农村贫困人口和原本健康的生态系统将遭受很大的破坏,带来很大的损失。

进一步分析可知,为促进水资源利用效率提高,水资源价格必须成指数增长。然而,单方面追求经济效益可能会打破用水的公平。以追求商业高利润为目的、针对农业生产率制定的水价,对小佃农往往是不利的。与经济条件较好的城市用户、工业用户相比,农民往往不具备争夺水资源的能力。从这个角度考虑,经济生产效率的追求反而影响到粮食安全和农村发展。南非政府正是考虑到,灌溉定价虽然带来了实实在在的收益,但也导致了政治风险,所以最终采用监管干预的方式来分配水资源。

水资源市场的规模和位置十分重要。世界上大多数农业地区已形成了非正规水资源交易市场,能够在特定季节下实现局部区域农民之间的水资源重新分配。正规市场通过强有力的制度和监管框架来保护非市场经济用户,就像保护水生无脊椎动物一样,并提供水资源交易的实施条件。通常，这将推动水价政策的实施，同时水价政策也将成为收回成本的工具。

水资源定价原则一般不难制定，然而这些原则的实施涉及的社会与水文状况十分复杂，需特别关注。水资源作为一种商品，目前仍然缺乏市场调节和定价，这可能会成为水资源领域最受争议的地方。随着水资源市场对投机买卖的抑制，以及散装水行业巨大利润的凸显，投资重点将转移到水资源的开发方面：大规模瓶装水商品及相关产品的交易。

共享水权

美国加利福尼亚州大学伯克利分校教授 David Zetland：

如果每个公民都被赋予水权，从而确保他们在水资源使用方面的人权，同时利用水权获取的收益足够用于承担水权交付服务，那么将会发生什么？首先，对每个公民分配平等份额的国家水资源财富是正确的做法。水权的赋予不仅使得人们更容易得到水，还给他们提供可供市场交易的资本。另外一个额外的收益是，市场将更加透明公开，水资源的分配效率也会得到提高。

听起来是否很激进？事实上，联合国已间接承认上述观点。虽然世界人权宣言没有提及水，但第 17 条规定，"人人享有单独的财产所有权以及同他人合有的所有权。"此外，有时我们可能没有意识到，水资源是由"公民"所有。国家仅仅是分配使用权，通过利用公民所拥有的水资源来最大限度发挥其社会价值，最终以食品、能源、生态系统和健康人群等形式展示。

反对个人拥有水的一个理由是，我们中很少有人可以实际使用"平等份额"的水——因为我们大多数人都不是农民。如果允许我们把水卖给使用者，这种反对的声音将消失。但是，这将引发第二个问题：我们不应该出售我们赖以生存的水。

我们可以通过将水资源所有权分为两部分来解决这个问题。一部分是"生存必须的水权"，则对于每个人是定额、平等、不可剥夺的，例如人均每天需要约 135 L 的水(135L/人天)；另一部分是"可交易的水权"，是可以转让的，并根据供水和人口数量的不同而不同。可交易的水权可以出租，而不能销售。在水权交易激烈的市场中，销售的禁令将保护水权拥有者，避免他们完全丧失水资源。

那么，这两部分的水权应各分配多少水量？根据联合国环境规划署对再生水的定义及相关统计数据，我们发现，加拿大人生存所需、不可剥夺的水量是 135 L/人天，另外仍有239265L/人天水可供他们任意分配，这个数字如此巨大，看起来很荒谬。缺水的以色列(拥有 611L/人天再生水)，拥有 135L/人天生存必须的水，以及476L/人天可交易的水。澳大利亚总再生水为 64100 L/人天，海地为 4300 L/人天，索马里为 4200L/人天，美国为

27500 L/人天。

水权的分配,意味着市场上的水资源基本可以流通。但只有当地的民营或公共交付机构,可以购买市场上流通的水资源,并将其交付给客户(客户采用金钱支付这种服务,交付组织将作为卖方盈利)。水资源的市场价格能够量化水的价值,并通过竞争来提高交付服务的质量。这种竞争不只是在现有交付机构之间存在,市场的公开透明也将鼓励一些非传统的机构参与水资源管理。在过去,这一直是最保守和非创新的商业市场之一。如美国航空运输公司撤销管制后,相关服务和价格都发生了大幅度改进。新时代下,新的思路和新的管理技术,能够以类似的方式使客户获益。

针对水权的分配,理论家可能会讲述水资源"社会化"或者"私有化"的骇人故事。然而,有证据表明,在高效和公平的水资源管理下,公共或私人所有权对社会的影响将远低于社会监督的作用。水资源交易改变了水资源的评价方式,将刺激社会加大监督力度。

上述水权系统可在减少贫穷方面发挥重大作用,尤其在水资源最贫瘠的国家。在水权交易市场,穷人不仅可在缺水或恶劣卫生条件中获得保护(所有人都拥有不可剥夺的135L/人天水资源),还可将不可剥夺水之外多余的水资源出售(他们不会像富人一样使用大量的水资源),因此他们更倾向高的水价。水权的分配同时促进了公平和提高了效率,前者由每个人的分配权(和对应的价值)体现,后者由水权拥有者与使用者之间的交易体现。

加利福尼亚州索诺玛郡当地水市场创新的案例

JAMES G. WORKMAN,智慧市场的作者与创始人,美国旧金山,加利福尼亚州:

美国加利福尼亚州(黄金州)作为世界第八大经济体,就像其所属的国家一样,仍有少数人生活受到供水大幅度波动的影响。自诞生以来,黄金州的发展就与水资源获取的可靠性拴在一起。在气候变化、经济增长、竞争激烈的大背景下,黄金州的发展十分不稳定。自1849年淘金热的出现,水资源争夺战随即爆发并持续到今天。因此,美国加州萨克拉门托政府提出了110亿美元水资源常规债券需求,以资助自上而下的基础设施建设和水资源管理项目,以期创新性实现自下而上的水资源联盟,从而将冲突转变成为合作。

60万人口的索诺玛郡代表了一个国家的缩影。他们通过传统的基础设施建设来增加水资源供应量,即修建两个大坝蓄水,然后实施跨流域调水,每年从俄罗斯河调入75000 acre-feet的水量。然而现在出现了问题,未经合理规划的地下水开采,降低了区域地下水位、减少了当地溪流与含水层的补给,从而减少了河流水量,产生了17300 acre-feet的赤字。上述水量缺口的25%~50%,是由于气候变化和三种濒危鲑鱼保护所致。在接下来的15年,联邦和各州濒危物种法案将强制要求索诺玛郡在河流中留下更多的水量——而此时正是人类水资源需求量更多的时候,这将导致索诺玛郡损失1亿美元。更为复杂的是,一些市政承建商已通过提起诉讼获得更多的水资源，而其他人不得不通过提高税率来有效"惩戒"人们，要求大家节约用水，从而弥补经济损失。

面对上述典型的水资源管理难题，索诺玛郡水资源局没有被动防守，而是选择向合作伙伴开放的模式。为响应民众的需求，索诺玛郡水资源局推出"蓝色科技"创新，以优化水资源软基础设施方面的投资决策，并缓解自然和人类社会权利被剥夺的负面影响。索诺玛郡也认识到水与能源关系，并通过与关键伙伴合作投资，开发可再生的水电能源，在电力峰值时提供90%的能源。

为了使未计量的地下水用户规范化，索诺玛郡没有采用制裁的方式，而是通过宣传展示他们的未来依赖于同一公共资源，设法让他们自愿成为合作伙伴。索诺玛郡已开始与IBM合作，共享不同来源的公开发表数据，帮助水资源管理者进行战略整合和方案协调。总之，索诺玛郡试图获得终端用户的赞助，让他们分享节水带来的收益，并成为水资源的管理者。

索诺玛郡在水与能源效率市场曾主推一个示范项目，即引入广义的平等权概念，对个人消费模式进行创新，目的是鼓励相关效率的提高。对于市场用户，谁的用水量低于平均阈值，就可进行水资源的保存、积累、银行虚拟信贷或生态共享，并在流域范围内实现水资源的购买、出售和捐赠。由于人们都希望他们获得的新资产能够不断增值，因此 AquaJust 交换系统可能会出现一种前所未有的情况：广大的终端用户都将一致建议，阈值以下水资源的价格应提高。

随着水资源的高效利用，节水将变得更具挑战性、也更有价值。目前，流通中水资源虽较少用于生态共享，但每一处共享都有其自身的价值。水资源的公平分配，也减少了生活、商业、工业和农业用水户之间的冲突。因为水一旦被分配，各方可以在水资源价值上进行协商。这个项目代表了一个小规模但却十分典型的案例，其中公私联盟转换为战略联盟，从而提高了用水效率、市场公平度、以及生态环境效益。

第9章

气　候

　　本章将探讨水—气候的关系，主要内容包括气候变异、气候变化和水资源、气候变化对水资源的潜在影响及适应对策。本章论述内容主要来源于 Columbia 大学水中心主任 Upmanu Lall 教授的论文。Lall 教授是水文气候、气候变化、风险分析、缓解及适应对策研究领域的首席专家，同时也是全球水安全议程理事会的成员。

9.1　背景

　　各种人类活动(包括但不限于温室气体排放、森林砍伐、灌溉、气溶胶生成)的综合作用下，地球总体气候正发生变化。政府间气候变化委员会第四次评估报告指出，自 20世纪 80 年代中期以来全球平均表面温度在加速变化，同时海平面在不断上升。越来越多的科学证据表明，目前未能抑制全球变暖趋势，相比于工业改革前，全球温度已经上升 $2℃(3.6℉)$。不可能避免的是，地球对人类可持续发展的支撑能力已被不可逆的削减。根据最先进的气候模式估算，如果全球温室气体的排放量能够减少 80%，那么相对于 1990年，到 2050 年温度增幅小于 $2℃$ 的成功率可达到 5/6。

　　以下方面的气候变化影响很容易推测：根据预测，本世纪(尤其是 2050 年及以后)全球水资源可利用量和洪水的时空分布将发生显著的变化。这些变化将影响水资源供给和需求的各个方面，并加剧水资源供需失衡、水质恶化和生态功能退化方面的风险。在约60%全球人口居住的热带和亚热带地区，由于绝大部分水资源用于农业，因此极易受到日趋严重洪旱风险的影响。

　　关于气候变化的研究，在开展 20 世纪历史分析或 21 世纪未来变化趋势预测时，由于目前的气候模型在生成降雨统计数据方面的精度还不够，因此在特定区域降雨模式如何变化，仍然存在很大的不确定性，这将导致我们无法确定具体在哪些地方实施气候变化应对策略。虽然气候的宏观变化趋势可能是可以预测的，但这些预测都不够精确，难以用来完善现有的水资源系统和水资源管理决策工具。

例如,2006 年联合国开发计划署的《人类发展报告》以水资源为重点,将关注点集中到气候模型,结论是"在降雨减少和温度上升的条件下,东非、萨赫勒地区和南非的水资源可利用量将显著下降"。这个模型在总体趋势预测方面是基本可信的,但无法给决策者提供足够的细化信息,以在上述地区制定具体的应对策略。

从历史来看,全球各地都面临过气候变异带来的风险,这也是本书的一个重要关注点。持续多年的干旱或雨季,都将对水资源开发利用全过程产生显著影响,并能导致人类的迁移和冲突(正如历史事实证明)。一般而言,气候干湿循环时间越长,对社会的影响越大。

目前大家都认识到,在长时间尺度上气候变化的周期可能不是随机的。事实上,气候变化具有周期性可能是普遍规律而不是例外,甚至在短期内可进行预测。因此,即使未来气候变化情景(特别是长周期的频率和强度可能会如何改变)充满了不确定性,制定本世纪气候变化应对战略也是可能的。

对于绝大部分国家尤其是发展中国家,只能储存几个月或至多几年的地表水资源。此外,地下水的补给和排泄循环相对缓慢,可作为长期资源储备。但在许多国家,由于地下水的开采率超过补给率,地下水库正在迅速枯竭。根据本章最后一部分的论述,世界各地的山地冰川也存储了很多淡水,冰川也可作为淡水资源的一个长期储备。

关于气候变化和水资源,全球社会面临的关键问题是:我们应该如何最大限度地储存水资源? 在气候长期变异及变化条件下,应该使用哪部分储存水量来减小风险? 这些问题最终归结为政策问题和技术问题,如面对气候与水资源的变化,我们是否合理进行了风险集中管理并制定应对策略?

9.2　趋势

"我们子孙后代可用的水资源量,是否可达到我们的历史使用水平? 答案是否定的"澳大利亚 eWater 的主席 Don Blackmore 说,"随着温带和干旱地区气温的增加,气候变化意味着地球上大部分人口密集的地区将拥有更少的水资源。因此,为实现粮食增产,必须更高效地利用现有的水资源。"

统计分析显示,上世纪全球很多地区极端降雨事件(包括洪涝和干旱)的发生频率在增加。与温度变化预测成果不同的是,目前还不清楚这些区域的降雨变化趋势是否在气候长期变化周期范围之外。事实上,根据过去两千多年的气候代用资料分析,过去一百年间大多数地方发生的洪涝和干旱更加极端。

可以明确的是,过去一个世纪为满足全球人口的粮食需求,大规模的农业集约化导致几乎所有地区的水资源利用量呈指数增长。根据预测,目前全球水资源需求量至少为20世纪初水资源潜在承载力的2倍。这意味着,全球水资源平均供需之间的差额将变的更大,这也是地下水呈枯竭趋势的部分原因。此外,持续的气候变化,意味区域的平均供水量及其变幅都在改变。供水变幅加大的后果是灌溉的用水量甚至高于水资源平均供需之间的差值。尤其在印度,这样的趋势越来越明显。由于社会政治动荡,为缓解短期内的风险,印度政府仍然对地下水开采提供补贴。

在20世纪,大多数农业生产力的增长主要依赖可靠的灌溉条件,而这取决于水资源的储存能力和供给能力。早期,这主要通过集中的大型水库和渠道等配水工程实现;到20世纪末,地下水抽取开始广泛出现。在过去30年间,社会、管理和环境等因素严重限制了大坝的建设和利用,如上游和下游用户之间的矛盾冲突,结果是目前大型水库主要集中在较发达的国家。

近期各国政策开始倾向于"流域管理"策略,侧重于小型储水工程的开发。小型工程既没有大型工程相关的体制问题和环境问题,还能带来潜在的灌溉效益。不幸的是,这样的体系还无法有效应对气候持续极端变化的风险,在某些情况下甚至加剧应对气候变化时的脆弱性。水资源配置战略,必须以当前已发生的气候变化为基础,提倡以需求为导向的管理。但目前除了澳大利亚,其他地区还未实现管理方式的显著改进。

9.3 预测与启示

至2025/2030年,在亚洲东部、南部、中部和西部地区,非洲和中东大部分地区,欧洲南部,美国西南部,墨西哥,安第斯地区,巴西东北部等地方,水资源供需失衡将变的更加严重。在人类活动或自然周期的气候变化影响下,持续多年的干旱将会加剧上述一个甚至多个地区的失衡状况。为了帮助这些影响显著地区应对气候变化,国际社会需要提供粮食援助,并实施其他抗旱救灾措施(包括控制移民、缓解内部或外部冲突)。

人类对水资源的持续开发,同时叠加气候变化趋势,可能对上述地区的水质和野生动物产生负面影响,甚至产生物种灭绝。某些情况下,我们采取的"应对措施"可能会导致这些问题更加严重,如试图通过开发小型或大型的水库工程,来存储更多的水资源供人类使用。在某些地区,山地冰川的融化改变了河流的节律(河流常年有水变为临时有水),并导致旱季流量减少,从而加剧了上述问题。

"每个国家政府应考虑到,水资源不仅是一种商品需要经济投入,还是所有经济活动的生态基础。"世界自然基金会淡水资源管理者 Stuart Orr 说,"由于每个流域的水动力特性不同,因此与水资源相关的经济活动也是不同的,如水的自然脉冲特性和流动特性,决定了取水的位置、数量和时机。然而，"自由市场"不会关心当地的生态环境，也不会关心社会中各种用户的多样化用水需求。但是，若缺乏强有力的监管机制，纯粹按照经济的方法来分配水资源，那么农村贫困人口和原本健康的生态系统将遭受很大的破坏，带来很大的损失。"

在发展中国家，气候变化危机可能促使平民主义政府为大规模农村贫困人口提供水资源相关的额外津贴和补贴。然而，低效率的农业用水使其他用水户更难获得水资源，反而可能加剧了该问题。此时，气候变化危机也可能会推动农业部门的投资和用水效率的改善，然而目前尚未显示该发展趋势。从这个角度来说，长期气候变化危机带来的负面效应，以及适应和缓解气候变化带来的效益，可能会成为水资源部门改革的一种有效政治推动力。

9.4　展望

气候变化对大自然产生影响，为人类带来了潜在的风险。在气候变化方面，我们利用古气候和气候周期研究方法，预测了未来气候的年际变化，并建立了一个大规模的数据库，从而为应对上述挑战奠定了一个良好的基础。我们可通过制定战略规划，开发物理、政策和金融等方面的工具来解决这些问题。我们发现，前几个世纪气候变化引起的水文变化幅度比 20 世纪大很多。因此，当我们在本世纪后期面临这些不断变化而又不确定的风险时，之前在应对极端水文变化风险方面积累的成功经验可以发挥重要作用。社会的发展和政府的管理涉及一系列社会因素、环境因素，因此面对极端气候变化时，最重要的是提高供水可靠性，这也是国家政府和工业发展需要共同面对的挑战。

目前，气候变化争论的关注点集中到气候变化导致的危机方面，且大家对此高度关注。在大部分地区，这类危机一般与水资源关系密切。在关注度提升的推动下，公众在获取水资源供需相关数据和信息的能力方面得到了系统提高，同时大家也充分了解水质恶化对人群健康和生态退化的影响。在探索气候变化产生哪些影响及如何应对等相关问题时，我们通常发现水资源是问题的关键。因此，虽然水资源通常被视为一个国家或民族的问题，然而全球的普遍关注给问题的解决带来一个机遇，即同时采用经济和物理的手段，以气候—水资源相结合的形式，实现水资源管理和开发的相关目标。

另一方面，气候变化争论也分散了大家对水资源挑战的注意力。如果没有针对性的引导，大家将不会直接关注到气候变化的特殊属性，如气候变化将导致降雨持续的年际变化和年内变化，从而带来的地表与地下水库水资源可利用量的变化等。企业通过支持基础设施投资、开展需求管理、实施水资源优化配置（尤其在农业和其他用水户之间）等方式参与,进一步强化大家对此问题的关注。在面对重大气候变化和人类活动诱发的水资源供需失衡风险时,特大灾害风险管理(包括保险、规划和救援)可从行动上实现快速应对。

9.5 观点

以下列举了水与气候之间关系的最新观点,详细论述了本章涉及的主题。以下观点并不一定代表世界经济论坛的意见,也不一定代表其他参与的个人、公司或机构的意见。

● Orville Schell,亚洲协会(纽约)美中关系中心(大中华区)主任,气候变化全球议程理事会会员,论述了气候变化对冰川、水安全以及亚洲河流的影响。

● Mark Smith,国际自然保护联盟(瑞士)水资源计划领导者,论述了如何将生态修复措施与基础设施建设相结合,以应对气候变化。

冰川,水安全与亚洲河流

Orville Schell,亚洲协会(纽约)美中关系中心(大中华区)主任,气候变化全球议程理事会会员:

随着人类生存所需的食物不断增长时,我们发现,自然界"食物链"中存在极其复杂但又十分明确的因果关系。"食物链"中最关键的要素是水,食物链与水资源之间也存在极其复杂而又十分明确的因果关系。

地球上的水在不停地运动,通过蒸发、冷凝等方式连续不断地循环。首先水降落到地球上滋养生命,然后蒸发到大气中被净化,并再次以降雨降雪的形式重新分配到世界各地。在这个连续不断的转化过程中(让人联想到佛教/印度教关于生命、死亡和轮回的观点),唯一相连的物质就是水。水通常处于流动状态,只有结冰时才会处于静止状态。

在寒冷的高山气候区或在冬季期间,水降落到地球后将被直接冻结,以冰原或冰川的形式固结。地球上最大的冰体位于北极区、南极区和青藏高原,发源于阿富汗与兴都库什山,穿过巴基斯坦和印度的喀喇昆仑山,延伸至尼泊尔、不丹、孟加拉国和缅甸边缘的喜马拉雅弧形山脉,在冲进横断山脉和大雪山之前,形成东部最广阔的青藏高原。这个高海拔冰冻水库是隔绝南北极的最大冰体,已被称为"第三极"。北极和南极冰川融化后最终流入海洋,而第三极冰川融化的水将供给亚洲的 267 个水系。围绕这些河流,沿岸孕育出了伟大的文明,且如今仍有 20 亿人口依赖这些河流的水资源生存。

在这些数以万计的山脉冰川上,雪不断降落在高海拔"堆积区"后被压缩成冰,然后再缓缓下移进入"消融区",并在炎热的夏季融化。到平水季节——每年来自季风的降雨到达该区域就停止了,冰开始迅速融化——"冻结水塔"开始释放十分重要的水流,来补充阿姆河、印度河、塔里木河、恒河、雅鲁藏布江、伊洛瓦底江、萨尔温江、湄公河、长江与黄河。

这些巨大的冰原和冰川被称为"冰冻圈"，以自然的方式蓄积珍贵的淡水资源，并在关键时刻补充河流。通过这种方式，生命之河能够始终保持稳定充足的水量，为下游几千年的文明、人类、农业和工业发展提供支撑。

根据冰川学家的"质量平衡"理论，冰川结冰的速率一般等于或大于融化的速率。在过去几万年，即使由于地球轨道摆动、太阳黑子、火山爆发等短时的气候波动变化，这些冰川仍然保持质量平衡，没有发生急剧变化。

然而，目前又出现了另一个重要的因果关系链，即"人为的气候变化"（由化石燃料燃烧、温室气体排放等人类活动引起全球气候模式的变化）已开始与水循环相互影响。全球变暖不仅扰动了许多地区传统的降雨模式——导致洪水、干旱、飓风、台风、暴风雪、冰雹、以及其他类型的异常天气发生——同时也导致温度升高以及地球冰原的迅速融化。事实上，在喜马拉雅山类似山脉，低处较热地区的空气湿度大，具有一定潜能，当湿热空气运动至海拔更高的地方时，这部分潜能将通过冷却、冷凝等过程来释放，并以雨或雪的形式降落，从而导致该地区的温度升高幅度比全球平均水平高2倍以上。

由于气候变化，短期内流入亚洲地区主要河流的水量将增加，正如我们见证的巴基斯坦特大洪灾。然而，由于城市发展带来的人口增长以及城市化的进一步发展，在正常情况下，下游用水户将会变的逐渐依赖这增长的流量。但是，从长远来看，全球变暖将导致冰川资源枯竭，最终释放的水量不会增加，反而会减小。由于这些河流大部分是跨界的，且被数亿人口依赖，而目前还没有跨界河流水权管理相关的国际法，因此未来由于总水量减少导致大规模世界战争爆发也不是不可能的。

例如，湄公河发源于中国境内的青藏高原，称为澜沧江，随后作为东南亚的生命线穿过其他四国。伊洛瓦底江发源于中国同一个区域，称为怒江，然后向下流入缅甸，成为这片肥沃土地（目前是非法获取的）最重要的水道。印度河发源于西藏和巴基斯坦的西部，在喀喇昆仑山脉的阴面，然后越过印度控制的克什米尔地区，最终穿过武装边境回到巴基斯坦，成为那一片战火纷飞区域的主要水源。因此，在亚洲大部分地区，水循环和碳循环的相互作用与冰川和河流的相互作用交织在一起，带来了环境、资源和国家安全等复杂的综合问题，然而目前我们还没有任何解决对策，预计将来也没有办法在短期内解决这个问题。

对于这些迫在眉睫的跨国水资源问题，最佳解决方案是先发制人：针对这个遥远的、看似不相连的弧形山脉冰冻圈，保持其当前的冻结状态。因为一旦这些冰川开始消融，季节性流动将减弱，人们赖以生存的水量将减少，国家将不可避免地开始争夺、竞争、抗衡，甚至为他们生命之水的分配而发动战争。然而，届时再采取行动就太晚了。

气候变化适应性对策及相互关系:水生态系统以及相关基础设施

Mark Smith,国际自然保护联盟(瑞士)水资源计划领导者:

在我们生活的年代,全球高速发展,衍生出一系列机遇和危机,从而在全球及国家经济发展、社会发展、安全相关等方面提升了我们的应急能力。在不同驱动因素影响下——如消费增长、城市化、人口增长和迁移——大家越来越意识到,由于还没有实施有效的措施,气候变化对人类的威胁越来越突出。人们的忧虑涉及多个方面,包括健康、食品供应、物种多样性丧失、就业、基础设施安全性等方面的风险。风险的存在反映了一个事实,即我们生活在一个人类、经济和自然相互交织的大系统中,系统中一件事关联另一件事。在这个"社会生态系统"中,气候变化的影响将以复杂的方式体现出来,但影响最显著的是大家所熟知的简单物质:水。

干旱、洪涝、强烈风暴、冰川融化、海平面上升是媒体与政治关注的热点问题,也是大家对气候变化的普遍认识。上述每一个问题的适应性对策都以水资源管理为基础。否则,随着气候变化的加剧,社会经济和人民生活水平将会下降,世界不稳定地区或脆弱地区的发展将受到阻碍。像南亚的恒河和印度河流域、非洲的干旱地区、美国中部飓风多发的山区河流、太平洋的小岛屿或亚洲的沿海大城市等地方:在这些脆弱的"地区",通过水资源管理适应气候的变化,将是未来可持续发展的基础途径。

气候变化的适应对策将首先在局部地区实施——在乡村、城镇和城市——调整流域和沿海地区水资源开发与管理方式。这些地方也是气候变化不确定性最高的代表。我们呼吁大家针对气候变化开始行动,并进一步强调气候恢复力建立的必要性。此时出现了一个问题:什么是恢复力? 它在实践中是如何体现的?

恢复力指承受冲击时,根据需要进行重建的能力。可以设想,经受气候变化影响而恢复后的社区、国家或流域,将有能力应对预见或不可预见的气候变化,避免经济崩溃,并根据气候变化的应对需求不断增强自身能力。在气候变化的影响下,人、经济与自然环境组成的系统,必须具备很强的适应性。事实上,社会就是一个系统,一件事关联另一件事情,即意味着系统恢复力受到社会结构或相关工程的影响,也受到社会和生态系统的影响。气候变化的应对是一个系统规划问题,只单独考虑其中一个或另一个因素,将难以获得好的效果。

根据恢复力的特性,我们意识到,只有社会科学和生命科学的共同进步,才能建立一个具备高度适应力的系统。将这些认识与"通过实践来学习"相结合,如在国际自然保护联盟指导下,拉丁美洲、非洲和亚洲开展流域管理的示范,揭示了恢复力受到生态系统、经济和社会变革的影响。根据经验,恢复力的建立由以下4个要素决定:

● 多元化:经济、生活和自然的多元化。多样化的市场如工业或农业系统——意味着人们要去适应出现的各种替代品。生物多样性确保了生态系统服务功能对气候影响的缓冲作用,如上游流域森林的储水能力,可维持生命、提供生产力。

● 支撑可持续发展的基础设施和技术。包括工程和"天然基础设施",以及降低脆弱性的可持续管理技术,其中工程措施包括城市排水或雨水收集设施等,基础设施管理指在河流可用水量范围内分配"环境基流"等。作为传统基础设施补充,应对"天然基础设施"进行规划与投资,如湿地、洪泛区、以及能够存储水资源、降低洪峰或保护海岸的红树林。

● 自我组织:恢复力一个关键的特征,即通过自适应结构框架中的参与式管理和自我授权,在现实对高度适应系统进行实践。

● 学习:不断开发新的技能和技术,从而高效利用气候相关信息,在此基础上提出更优的应对策略。同时,对个人和相关机构公开这些技术。

"气候适应能力框架"的四个组成部分,将需要采取什么行动与应该如何实现结合起来。实践中将采用上述"恢复力"思维,指导实际行动以及跨部门协调政策的制定。水资源管理案例的经验显示,若在流域内实现上述四个要素的组合,脆弱性将转变为恢复力。例如,在尼日利亚北部的贝河流域(为 Chad 湖大流域的一部分),环境恶化、生活贫穷、冲突严重等问题相互交织,当地通过水资源管理改革建立自我组织,并提升气候、生态系统服务和大坝可持续管理等方面认识。若不采用上述步骤,气候变化将使这些地区处于巨大风险之中,反之,通过恢复力实践,将为大家建立应对气候变化的信心。

第10章

新型经济决策框架

本章主要介绍应对水资源挑战中的一种新型综合经济分析方法，该方法相比以往方法更加简明清晰。通过采用新型综合经济分析方法，有望使决策者建立一个大家公认的公共事实基础库，从而更好理解大家目前所面临的水资源挑战规模、掌握水资源管理方法并计算相关的成本。

本章由 McKinsey 公司董事长 Martin Stuchtey 和副董事长 Giulio Boccaletti 编写。他们通过对一些不同国家的案例进行分析，提出了新经济分析框架的基本条款。此外，本章还吸收了水资源团队(WRG，见第8章)第一阶段的全球研究成果。

对于水资源倡议，世界经济论坛与水资源小组进行联盟目的是通过与几个国家政府密切合作，以获得更具有针对性的分析数据和图(如案例所示)。通过上述途径，大家以期建立一组表征经济表象的关键要素，来揭示不同国家的水资源挑战。

上述事实基础库的建立，将有助于各部门开展集中对话、讨论并制定行动计划，政府部门也可利用其开展更加广泛的联盟，进而形成水资源改革计划，建立新的综合管理系统，规划并实施行业转型。本章最后提供了一些决策支持工具，当某个国家或地区出现明显的经济表征现象时，这些工具将有助于政府建立水资源管理系统。以下列举的案例，展示了网络化水资源智能管理系统开发技术的扩展潜力，同时也展示了出现明显经济表征现象时水资源领域的革新力度。

10.1 背景

无论是一个国家、一个州或一个局部地区，如果水资源领域的信息缺乏透明度，那么将很难回答下面一系列基础问题：

- 未来几十年内，总的水资源需求量是多少？
- 届时，还有多少水资源供应量？
- 采用哪些供水技术和水资源开发技术，可以缩小"水资源供需缺口"？

● 实现这些技术,需要提供哪些资源?

● 是否针对用水户制定了激励措施,以改善用水户的用水行为、提高节水方面的投资?

目前,许多国家主要基于现状,颁布了易于实施的水资源政策。因此,投资者无法在统一的基础平台上作出合理的经济决策,从而使水资源配置效率低、投资规模小。

本章主要针对水资源挑战,介绍水资源小组如何构建以事实为基础的经济学分析方法,以及如何用其来支撑政府部门进行水资源改革,从而作出最优决策并予以实施。

10.2　第一步:确定2030年的供需缺口

图10.1以一种简单的方式分析了2030年全球水资源的供需缺口。这个例子主要针对全球层面,一个州、一个国家或一个地区也可开展类似分析。

如图所示,若没能实现用水效率的提升,在经济平均增长速度下,全球水资源需求量将从现在的450亿 m³ 增长至2030年的690亿 m³。从图中可以看出,该需求量与目前有效、可靠、环境可承受的水资源供应量差了整整40%。通过这种方式,一个州、一个国家或一个地区的政府可清楚看出2030年他们所面临的严峻水资源供需矛盾。

全球水资源的供应短缺形势,一般可通过当地供需缺口来体现:全球三分之一的人口集中在发展中国家,而他们居住所在流域的水资源供需缺口超过50%。针对特定的州、国家或区域,可以专门制作更加细化的图表,以反映一些被全球宏观统计数据所掩盖的情况,如局部地区可能存在更大的水资源供需缺口。

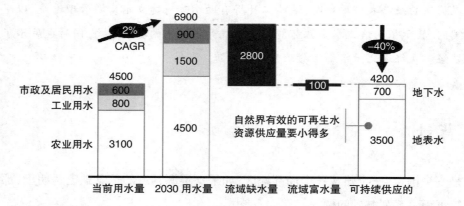

① 基于历史水文条件和到2010年的基础设置投资计划,当前90%保证率条件下水资源供应,扣除环境需水量
② 基于2010年IFPRI的农业生产分析成果
③ 基于IFPRI的GDP、人口工程和农业生产工程,考虑了2005-2030年生成的不耗水产品
来源:2030年全球水资源供应和需求模型,农业用水基于IFPRI IMPACT-WATER 基础案例

图10.1　当前易获取、可靠的、可持续的全球水资源供应量与2030年用水量之间的缺口

前述章节已对全球水资源挑战的驱动因素进行了介绍，其最根本的因素是经济增长和发展。针对特定国家，可由其政府来识别2030年水资源挑战的关键经济驱动因子。

10.3 第二步：解决供需矛盾

图10.2显示，无论历史上各部门效率改进比例有多高，都不能解决水资源的供需缺口。这个例子主要针对全球层面，一个州、一个国家或一个地区也可开展类似分析。

对全球的水资源供需情况进行分析（见图10.2），可以看出，水资源部门若还是"一如既往"，则无法提供一个经济可行、环境可持续的有效解决方案。如1990—2004年间，雨水灌溉和人工灌溉区域的农业用水效率每年约提高1%，工业领域用水效率的提高幅度类似。如果农业和工业用水效率维持这一提高幅度，则到2030年仅能够解决水资源供需缺口的20%，离彻底解决该问题仍然还有很长距离。同样，如果水资源部门维持当前的水资源供应增速（假设仅因为基础设施建设条件限制，不考虑天然水资源供应量的限制），也仅仅能够进一步减少水资源供需缺口的20%。

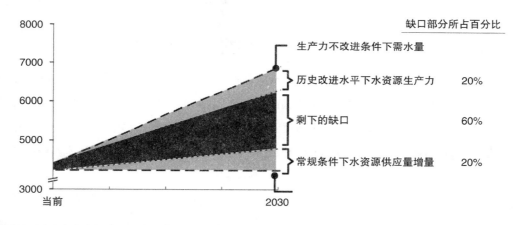

① 基于历史水文条件和到2010年的基础设置投资计划，当前90%保证率条件下水资源供应，扣除环境需水量
② 基于2010年IFPRI的农业生产分析成果
③ 基于IFPRI的GDP、人口工程和农业生产工程，考虑了2005-2030年生成的不耗水产品
来源：2030年全球水资源供应和需求模型，农业用水基于IFPRI IMPACT-WATER基础案例

图10.2　常规情景下2030年水资源供应难以满足需求

图10.2对全球的分析还表明，随着时间的推移，当其中某些原本有效、可靠的水资源无法再持续供应时（如地下含水层中不可再生的水资源，或因环境要求河流和湿地无法继续提供的水资源），也将进一步扩大水资源供需缺口。一个州、一个国家或一个地区也可开展类似分析。

10.4　第三步:当前用于填补供需缺口的水资源开发技术

图 10.3 为政府部门展示了当前维持水资源供需平衡所采取各种方法的相对成本。可以看出,虽然咸水淡化可以提高水资源利用效率,但由于其成本较高,农业和工业领域通常采用其他方法。

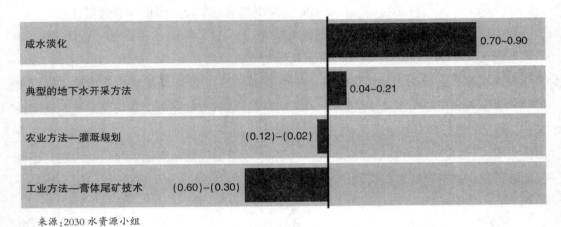

来源:2030 水资源小组

图 10.3　水资源供应和需求中的水资源开发/节约成本

通常情况下,大部分国家面对水资源挑战时主要考虑增加水资源的供应量,如咸水淡化。但是,咸水淡化(被认为是提升水资源利用效率的最有效方法)比传统的供水基础设施建设更加昂贵,而传统的供水基础设施建设又比灌溉规划等有效手段更加昂贵。上述分析清晰展示了他们之间的差别(注意:该分析中没有考虑农业灌溉规划具体实施技术和制度方面的改进,而这些改进涉及许多小农户的参与)。

此时挑战转变为,如何找到一种方法,能将各种缩小“水资源供需缺口”的有效措施放在一起进行比较。针对当前缩小水资源供需缺口的一系列技术手段,可采用“水资源边际成本曲线”微观经济学分析方法,分析各个技术的成本及潜力,并公开透明的展示相关信息,将有助于相关决策。

图 10.4 以印度为例,展示了可利用水资源量增加的成本曲线。该成本曲线展示了维持涉水经济活动以及闭合水资源供需缺口的一系列技术手段,并在水资源回用规模一致的基础上,对比了各技术方法增加供水的数量及效率。曲线上每一个方块代表一种技术手段,方块宽度代表了该技术手段可增加的可利用水资源量,方块高度代表了增加单位水资源量所需的成本。

　　对于这个案例,可利用水资源量增加的最小成本取决于农业灌溉措施(如图中左侧所示),该措施解决了水资源供需缺口的80%。在实施水资源低成本供应措施中,水资源主要通过恢复现有的灌区和早期实施"最后一英里"工程的渠道进行输送。每年用于闭合水资源供需缺口的总成本约为60亿美元,这一数字刚好超过2030年印度GDP的0.1%。

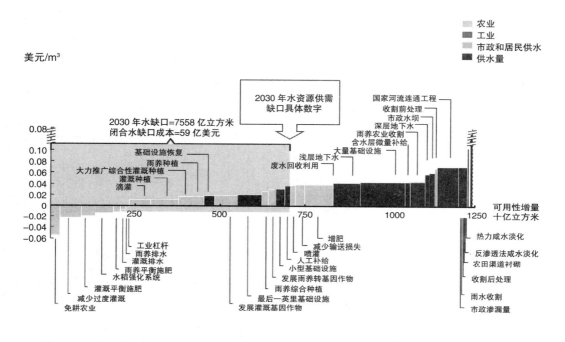

图 10.4　印度:2030 年可利用水资源量增加的成本

　　该分析方法没有考虑上述技术手段具体实施、相关制度改进、劳动力市场、GDP变化以及其他经济因素等的影响。但该分析方法将各技术手段统一到经济成本上,因此政府可对这些技术手段进行对比和筛选,并对每种技术手段瓶颈的解决措施进行论证。

　　进一步,我们采用一个具体的案例对该分析方法进行说明。例如,在印度,统计农业用水效率的改进潜力十分困难,因为了解这些信息需要对数以百万计的小农户进行调查。而目前,印度政府已开始采取实际行动,如政府已开始实施"灌溉效益加速提升计划",鼓励农户采用微灌系统(MIS)来提升灌溉作物的生长。1996—2006年,全国MIS系统使用规模增加了15%。截至2005年,印度滴灌系统覆盖面积仅为250万hm,而到2030年,这一系统覆盖面积预计能增加至3700万hm。如果预测的滴灌系统覆盖面积能在2030年得到完全实现,那么滴灌系统覆盖面积每年增长率将达到11%,届时滴灌系统的年市场规模可达到 24 亿美元,而目前这一市场规模仅为 2.3 亿美元。在低投资回报期,如果限制这些系统应用的制约条件(如人民意识缺乏等)能够被克服的话,该灌溉系统对农户和投资者来说将具有非常可观的市场前景。

在工业和市政系统中,用水效率的提升十分重要。同样地,针对中国开展边际成本曲线分析,结果显示工业和城市用水的快速增长(每年增长 3%)可通过一些高性价比的方法缓解,如强化水资源节约意识、实施"新增"计划、进行节水监控改革等。若中国采用上述途径,其填补水资源供需缺口的成本为负值,意味着每年可节省约 220 亿美元,其中大部分的成本节约来自于火力发电厂、污水回用、造纸业、纺织业以及钢铁产业等工业用水效率的提升。上述成本节约的潜力主要源于能源和其他业务支出节省带来的生产力提升。目前,上述很多解决方案在中国已很容易实现。比如,当前投资需求最大的为市政管网减漏技术,仅这一项技术每年可节约 92 亿 m³ 的水资源。若能集中精力开拓这一市场,其 22% 的回报率对于市政公共事业来说具有很大的吸引力。

这些案例向我们展示了,如何通过边际成本曲线来识别成本效益比水平或成本节约潜力,从而进一步有助于政府认识到规模化政策实施可能带来的好处。另外,根据农业领域非政府组织(NGO)的一个项目成果,大幅度提高水资源利用效率可控制住主要成本,而这其中的逻辑关系值得我们深入探讨。同样,一个公司或者基金会针对某种特殊作物或者减漏技术的成功经验,可能会带来有益的杠杆效应,从而形成示范。通过这些方式,该分析方法可以将水资源挑战转变为挑战应对的具体行动。

一般根据成本曲线得到解决方案,都考虑了跨部门之间的利益平衡。比如,南非通过成本曲线,利用有效成本效益方法得到各方平衡方案,该方案涉及水资源供给、农业效率和生产力的提升、工业和生活用水的调控等。英国塞文河(Seven River)子流域的水资源利用成本几乎完全取决于农业部门的效率提升程度,南非约翰内斯堡(Johannesburg)和开普敦(Cape Town)经济中心的水资源利用成本,则由工业和生活相关供水措施所决定。通常,发挥调控作用的 50% 即可带来大幅度成本节约。在工业调控作用(比如采矿业中的浓缩脱水和水资源回收利用技术,电力系统中的干冷和粉碎研磨床技术)下,通过相关效率的提高,每年可节约成本 4.18 亿美元。

采用上述以目标为导向的方法,可清晰为国家政策制定者展现水资源—食物—能源—气候之间的相互联系;一项政策措施若无约束条件,则可能产生反作用的激励机制,从而导致不良后果。就像约翰内斯堡的政策不可移至其他流域。一项能源相关的政策,可能会影响水资源的利用,从而对农业产生影响。无论如何,上述分析方式,可帮助我们清楚地了解该重点关注哪些方法、在哪里实施、成本是多少,以及其可能带来的影响。

10.5 前进的方向：以基于事实的决策分析作为一个行动平台

"量化的指标,可帮助人们准确辨识问题、跟踪趋势、识别领先者与落后者、并遴选出最优管理方法",美国 Yale 环境政策与法律中心主任 Daniel C. Esty 教授说,"糟糕的是,目前全国范围内有效的长系列水资源数据十分短缺"。针对一个国家或一个州建立基于事实的决策方法,是帮助政府将改革提上日程的关键第一步。这一方法将有助于量化水资源供需缺口、不同措施实施潜力等指标,从而对取得的进展进行评价。应对水资源挑战,关键的一步是将成本数据、经济数据、水资源数据以及环境需求等相关数据进行关联。

在建立了案例库、提供各种有效方法之后,下一阶段就是政策制定者、民营部门以及社会公众共同启动持续性的改革。

案例库可在多个层面为这一改革过程提供关键性的指导。例如,充分评价选定方案的经济性,将有助于决策者制定合理的经济制度,包含水资源管理制度。这方面的一个重要经验就是,市场机制的引入有助于企业和城市更加有效利用水资源。

此外,针对上述成本曲线中涉及的各种方法,若能准确识别各方法自身的缺陷以及方法实施过程中可能遇到的障碍,将有助于领导者完善相关体系,从而促进改革的实施。成本曲线还可为当前技术及其新增供水的成本建立标准,指导水资源部门在技术中心、研究、教育等方面加大投入,从而打造一个创新的局面,对于建立新方法、降低供水成本十分关键。

通过论证,将对供水方案有重要影响的方法集中为一个强大的数据库,从而指导民营部门集中融资,并推动企业转型。当前已出现了大量的融资方式,包括公私合营的水资源融资机构,通过私人融资扩大投资规模的公共项目,为终端用户提供创新性的小额信贷方案。政策制定者、融资者、环保主义者、农民以及私营部门需要通力合作,共同开发创新性的金融工具并进行推广,以确保那些有意愿的人们有机会和资金来实现水足迹的改进。

大多数情况下,用水大客户在水资源需求管理中发挥十分重要的作用。政府通过制定相关政策,促使工业领域的各用水户统一实现用水效率目标,而该政策也逐渐成为改革方案的关键组成部分。利用一些激励机制来强化水资源的价值是十分重要的,比如通过更加明晰的所有权、合理的关税、分配、价格、标准,同时也要认识到这种激励机制对公司盈利的影响。对上述部门使用经济学手段的情况以及实际潜在效率进行评价,并形成事实库,将有助于建立合理优化的调控手段。

10.6 展望

Nestlé 公司，上述研究工作的资助公司之一，提出了四个展望。当一个国家或地区出现明显的经济表征时，Nestlé 公司的每个展望最终都将指向未来水资源决策管理支持系统。以下不仅展示了网络化水资源智能管理系统开发技术的扩展潜力，也展示了出现明显经济表征时政府革新的力度。以下观点并不一定代表世界经济论坛的意见，也不一定代表其他参与的个人、公司或机构的意见。

● CH2M HILL 集团董事长兼首席执行官 Lee A. Mclntire 和水资源组总裁 Robert Bailey 认为，可采用水资源组合管理的方式，将利益相关者的需求与水资源部门的决策支撑技术相结合。

● Halcrow 集团水电部总经理 Michael Norton， 以及 Halcrow 集团在卡迪夫(Cardiff University)大学的水资源管理专业教授 Roger Falconer，提出了一个创新性的水资源综合管理框架，称之为从云端到海岸(Cloud to Coast)。

● Purdue 大学农业与生物工程系教授，全球工程项目主席，全球水安全议程理事会成员 Rabi H. Mohtar，阐述了怎样建立一个综合系统，对水资源、食物、能源进行统一管理。他建议，可以创建一个水资源知识中心，汇集所有必需数据的，并以此作为一个良好的起步。

● 星球球表研究院(Planetary Skin Institute)总裁、Cisco Systems 公司可持续发展和资源创新部门总经理 Juan Carlos Castilla-Rubio， 阐述了 Cisco Systems 公司和美国国家宇航局(NASA)在创新和信息化方面建立了伙伴关系，就是人们所熟知的星球球表研究院，计划开发一个相互关联多尺度的 Water Skin 决策支持系统。

Nestlé 公司水资源小组的工作

Nestlé 公司十分关注水安全，主要基于三个方面的原因。首先，为我们工厂提供原材料的农民为用水大户，面临着水资源短缺的威胁；其次，我们的工厂运行需要水资源，保守估计每 1 美元销售额需要不到 2 升水，但不管怎么说，水资源是必不可少的；最后，消费者要求我们的产品拥有优质的水源。

水资源小组的研究工作，有助于将水资源管理纳入正轨，从而维持当前水资源的持续供应。各流域跨部门的分析成果，可为修正行动方向提供基础数据。对全球范围内许多国家水资源过度使用的强度进行预测，并与上述数据相结合，可发现问题其实比我们当前所认识的更为迫切。

我们现在必须开始行动,通过开发相关工具,来探索和对比各种缩小水资源供需缺口(源于水资源过度使用)的调控手段。这将促进利益相关者进行深入讨论,并最终达成共同努力的共识。同时,该方法在一条成本曲线中对比各种调控手段,从性价比最高的方法到性价比最低的方法,并将水资源管理相关的决策融入政府的一整套经济决策中,从而克服当前各种零散方法的弊端,有效解决水资源问题。

我们期望,这个报告能够对国家及地区的水资源管理政策产生重要影响,也希望水资源管理能够引起大家更多的关注和共同的努力。在目前面临严重水安全风险的地区实施上述方法,可望为其恢复水资源供应。

水资源组合管理

CH2M HILL 集团董事长兼首席执行官 Lee A. Mclntire 和水资源组总裁 Robert Bailey：

在当今社会,竞争、污染、生态破坏、能源紧缺、人口快速增长,与全球气候变化影响相互交织,形成了有史以来最为复杂的多维水资源管理挑战。

复杂的水资源挑战需要新型的综合解决方案,即在规划、设计、实施和管理的各个阶段,在彼此信任的基础上开展相互交流,利用水资源组合管理(WPM)的方法将各方技术和能力融合。

根据系统开发所需,WPM 汇集了各利益相关者定制化的技术手段。在跨地域的行政辖区,WPM 能够为主管部门评估未来的水资源情势并提出应对方案。

WPM 集成了全球利益相关者所开发的各种技术手段,包括：

● 科罗拉多河流域。美国联邦政府、西部七个州与环境组织在 WPM 原则下开展合作,调查这些发展中地区的水资源供需缺口,并根据预测的气候变化影响,探讨农业、工业、能源、娱乐、市政和生态系统等领域可持续的供水途径。

● 新加坡。通过一个系统方法辨识新加坡所有的关键水源,并使其多元化,从而帮助该国家制定一个长期的供水策略并付诸行动。WPM 方法的应用也带来了其他好处。到 2015 年, 新加坡水资源行业有望创造 12 亿美元的 GDP 产值, 提供 1.1 万个新的就业岗位,并创立一个全球水资源行业知识中心。

● 澳大利亚。实现水资源可持续管理是澳大利亚 21 世纪的重大挑战。因此,考虑水循环的自然过程,很多地区采用 WPM(见澳大利亚水循环综合管理)方法来保护和恢复水源及生态系统,以实现利益相关者之间的水资源合理配置。在昆士兰,通过区域水资源回收利用和输送系统,将农业、城市和环境等用水关联起来,以满足国家对水资源的需求。在堪培拉,借助 WPM 水动力模拟手段,对水循环中的水文过程、水资源的储存与排放、水资源需求与水处理等环节进行评价。

对于澳大利亚和世界其他干旱地区，上述 WPM 方法可为水资源管理决策提供整体框架。

"Cloud-to-Coast"决策框架

Halcrow 集团水电部总经理 Michael Norton，以及 Halcrow 集团在卡迪夫(Cardiff University)大学的水资源管理专业教授 Roger Falconer：

在当今世界的新形势下，只有采用流域水资源综合管理的方法，才能确保水资源行政部门做出合理决策。事实上，早在 1973 年英国就根据这一理念建立了流域机构，从而替代了之前的区域供水管理机构和市政废水管理机构。全球水伙伴(GWP)于 1996 年诞生后，提出并发展了水资源综合管理(IWRM)的理念，并针对 IWRM 方法以及相关分析工具等开展了大规模的宣传。GWP 将 IWRM 定义为一种方法，即"一种促进水资源、土地以及相关资源协调发展和高效管理的手段，在公平的前提下达到经济和社会效益最大化，并且不会以牺牲生态系统的可持续性为代价"。IWRM 的一个重要理念就是，决策过程需要各利益相关方的参与。

随着大家逐渐意识到水资源在食物生产、能源生产、经济发展和国家安全等方面的重要性，政府决策框架中应更加注重水资源影响评价。Halcrow 集团与 Cardiff 大学通过战略合作，提出了新型水资源综合管理方法，即从云端到海岸(Cloud-to-Coast)解决方案，或称为 C2C 解决方案。这一概念将 IWRM 理念提升了一个层次，使其能够涵盖水资源相关的所有系统与过程，从"上游"降雨边界到"下游"海岸线边界，从而进一步探索水交易和用水效率提升的方式。C2C 概念将水资源分为蓝水、绿水和灰水，以区分了取水、用水和"虚拟水"的影响。

C2C 解决方案参考了 2003 年美国国家自然基金项目《基于网络基础设施建设的科学与工程创新》的报告成果。该报告指出，计算机技术与通信技术的发展为相关技术的集成开发提供机遇。对河流运动特征与形态特征进行观察，通常显示两者之间存在潜在的理论联系。在 C2C 系统中，在明确一个复杂系统的组成要素之前，首先要确定该要素与系统其他要素之间的关系。根据 C2C 解决方案的使用原则，首先需要将 C2C 边界进行时间和空间上的概化，然后建立 C2C 概念化的预测模型框架，从而帮助我们提出挑战的解决方案。

通过一个案例对该方法概念化模型进行验证。该案例主要针对某个流域，基于生态环境保护制定了水资源可持续管理策略。引入 C2C 概念化模型，该问题的边界被重新定义并概念化，然后应用 C2C 解决方案提出相关管控措施的完善，如通过增加上游地下水流量来补偿水资源,以及通过天然来水汇入对下游污水处理厂的处理量进行重新分配,最终可使单位污水处理成本将减少一半。从这个意义上来说,C2C 概念模型是一个高效的新型决策框架。

水资源高效利用政策为水资源利用的系统性和可持续性提供指南

Purdue 大学农业与生物工程系教授,全球工程项目主席,全球水安全议程理事会成员 Rabi H. Mohtar:

对水资源系统与食物、能源、气候变化、经济等其他系统之间的关系进行准确量化,有利于形成一个全面综合的管理系统。例如,对纳入该系统的所有水源(包括海水、地表淡水、深层地下水、回收水等)进行"水价值"定义时,除了考虑满足特定地方特定需求的水资源输送成本,还应考虑这些水资源使用对环境的影响,如对土壤质量、污染风险等的影响。

尽管针对水资源状态及其开发利用情况已提出具体的评价指标,但是针对多维水资源系统与其涉及的食物、能量等其他系统之间的关系,还缺乏一个普适意义的测试工具。我们有必要对上述关系涉及的水资源属性数据进行统计收集,这些属性数据包括但不限于:水价值、水定价、水法律、环境影响、能源影响、食品安全、生态影响、生物多样性,以及大气、土壤、水质。

当我们探索这个相互关联水系统(也可形象称为:水资源高效利用政策在水资源利用系统性和可持续性方面的一个指南)构建的可行性时,各种类型的数据将有助于我们明确各组份间的相互作用并将其关联起来。这些不同类型数据包括系统输入数据(如天气/气候短期及长期的变化)、系统数据(如土壤、土地利用、地形地貌、社会经济、土地管理及所有权、政府系统、社会结构、本土文化等类似数据)、系统输出数据/指标(如系统的鲁棒性、用户的福利,以及在食品安全、健康、能源安全等方面的影响)。早期,研发一种类似的预警

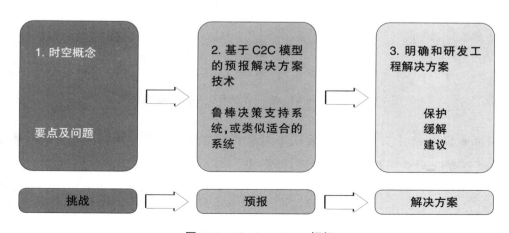

图 10.5　Cloud-to-Coast 框架

系统,同样需要系统输入和系统参数等数据,并需要系统输出数据来评估系统的敏感性。这些过程还涉及数据质量、数据标准/格式、数据的可接入性等。

图 10.6 是一个简化系统关系图,展示了各相关要素的可持续性及相互关系。该系统可作为水—食物—能源可持续系统开发的第一步。

可以看出,一个相互关联系统下的水安全战略十分复杂,制定难度很大。然而,我们可以根据以下原则,在上述基础上积极尝试:

- 多尺度

- 指标易获取

- 基准目标可实现

"水利知识虚拟中心"作为一个好的开端,集中了新老知识(来自研究中心、大学、行业及个人的专利)、以及一些农村地区的本土文化信息,为工作开展提供所需的数据。这个虚拟中心除了建立不同层次的水利知识中心(国家的或地区的),以集成和筛选相互关联的数据,还应针对最先进的综合模型开展设计与实践,以便对水—食物—能源关联系统中涉及的各领域决策提供技术支持。在这个过程中,上述开发的工具/框架都将发挥巨大作用。

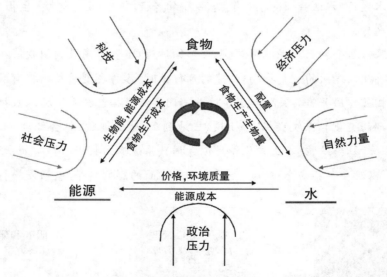

图 10.6　能源—食物—自然资源相互关联:系统性挑战

Water Skin:一个关于水资源合作与风险管理的全球多尺度流域决策支持系统框架,由星球球表研究院提出

星球球表研究院(Planetary Skin Institute)总裁、Cisco Systems 公司可持续发展和资源创新部门总经理 Juan Carlos Castilla-Rubio:

目前,两大显著的变化趋势正在重塑世界。第一是资源匮乏趋势,在人口和经济发展

不断增长的驱动下,资源(包括水、能源、食物和土地等)需求量呈爆炸性的增长趋势;第二是数据海量化趋势,这主要受庞大的数据存储量、不断增长的信息处理能力、太空—陆地的网络传输技术,以及信息和通信技术发明等驱动。

星球球表研究院(PSI)的目标,是抓住第二种趋势所显现的机遇,解决第一种趋势所呈现出来的挑战。2009 年 3 月,Cisco Systems 公司和美国国家宇航局达成了长期公私合作研发的伙伴关系,在开放式联合创新的基础上,集中两家的能力和资源。Cisco Systems 公司已把他们这种伙伴关系成果纳入 PSI,这一做法也被时代杂志评为"2009 年 50 强创新举措"之一。PSI 是龙头企业、政府机构和世界各地研究机构的一个独特合作研发伙伴。

PSI 作为一个非营利机构,宗旨是打破制度、规范、国界等限制,促进全方面合作,为各利益相关者的资产、能力和思想等的变化建立一个可塑的空间。PSI 已招募科学、技术、经济和创新等领域的领军人物,组建了一个全球顾问委员会,以指导此项工作的开展。

目前,在美国、欧盟、印度和巴西等国家,PSI 正与筛选出来的企业、政府、学术伙伴进行合作,对资源及风险管理决策支持工具开发进行示范。这一决策支持工具在粮食增产、水和能源安全保障、生态系统(如热带雨林)保护等方面能够发挥重要作用。

该工具的功能包括,利用卫星数据分析土地利用变化和评估温室气体排放;集成传感器数据及相关分析数据,从而识别出高性价比的技术,以大幅增加可再生能源的数量并提高其利用效率;通过使用卫星传输、手机网络和相关分析模型,提升小农户的生产力,保障农作物产量。目前,这项工作中水资源相关的措施正在实施。

WATER SKIN

本书已详细介绍了当今世界正面临的水资源挑战。但与此同时,世界还面临着信息、政治、经济和体制等方面难以解决的挑战,削弱了社会应对水资源挑战的能力。决策者需要更多的数据和分析成果,来协调局部区域和地区层次的水资源需求,并使用水户能够适应水资源和风险管理。但是获得空间(如子流域)和时间(如季节)上合适分辨率的数据,也是不容易的。水资源管理具有高度本土化、跨学科的特征,因此需要一种更加灵活、适应性强的综合决策支持工具来应对该挑战。由于每个流域面临的挑战都是独特的,因此,为任何一个流域的创建水资源决策支持的"skin",需要建立以下 5 个子功能集:

①系统建模。当前的水文情势怎样变化?水资源主要来源是什么?所有储水量和流量的供需是怎样动态变化的? 他们与自然环境特征如何相互作用?

②模型改进。在各种社会经济发展和气候变化情景下,供需水量的均值和方差等特征值将会如何改变? 近期极端气候事件频发现象意味着什么?风险预防、减缓和转移又意味着什么?

③基础设施优化。建设哪些基础设施来应对变化？各利益相关者的利益(包括经济和环境方面)交易意味着什么？基础设施扩建的先后顺序及相互联系是什么？从水—食物—能源的整体系统角度看，该如何优化这些选择？

④政策优化。选择哪些有效的政策(如自适应资源配置政策)来应对变化？各利益相关者的利益(包括经济和环境方面)交易意味着什么？考虑到最优作物对环境的影响，该指定哪些国产产品与进口产品的交易政策？

⑤生态系统管理。破坏(污染)水生态系统的来源有哪些？决策者如何在调控或者市场化中明确各利益相关者的责任？

水,食物和能源管理相互关联

水资源管理能力的发挥,需要借助其他相关技术,如先进的决策支持技术,可为各方合作提供一个共享的分析与技术基础。Water Skin 研发项目,旨在培养新的决策支持能力,通过传感层、分析层与合作层的创新,在水资源自适应和风险综合管理方面开展基础性工作。

● 传感层的创新点:利用土地、人口、航空、卫星等方面的集成技术,实时监控土地、流域、河流、保护区和脆弱区的状态。水资源管理中,一个普遍的问题是缺乏足够空间和时间分辨率的数据,来指导地表水和地下水相关的决策。另一个需要开展的工作,就是跨区域和跨国界的资料共享。Water Skin 将会对不同平台低成本的创新性数据传感方式(如现场水质数据无线传输、卫星传输、无人机传输)进行测试,以便评价其对决策优化的潜在贡献。

● 分析层的创新点:利用云计算和开放式建模功能,对传感层数据进行集成和分析,从而获得对终端用户有用的结论。分析层具备跨学科的分析和建模功能,通过预测分析,从而为水资源管理决策(如水资源优化配置与重分配策略的决策支持系统,水库水资源输送管理,水力发电系统,能源战略,针对短期作物制定种植策略、作物优化选择决策信息传递、农业精细耕作等方面的需求管理等)提供支撑。分析层同样支持水资源风险的管理,如早期旱涝评估预警系统,包括防洪基础设施的可靠性、疏散策略的改进、模型驱动下管理策略的制定,主要用于洪涝灾害影响的预测及减缓。

● 合作层的创新点:为公共部门、民营企业、当地社区大量的终端用户以及决策者,提供有意义、可增加效益且具当地特色的合作接口。该层的创新包括开发先进的用户界面、空间信息可视化仿真、工作协同功能,以及针对终端用户方面的创新(如建立支撑生态系统的基础设施)。

开展水资源短缺多重风险的评价,需要多学科和多领域(包括经济、气象、水文、能源系统、作物体系风险建模)的综合性信息、不同情景地理空间信息展示与建模分析工具、风险分布和缓解措施相关信息的识别能力。PSI 正在努力应对这些挑战。

因此，在 PSI 决策支持框架和平台下，Water Skin 只是传输、分析和合作系统功能的一个组成部分。对于 PSI 其他的能源、鲜活农产品、林业资源等方面决策支持管理和风险系统，Water Skin 具备天然的接口，从而有助于更好理解上述复杂的相互关系，尤其是掌握该相关关系挑战中涉及的动态风险特征、相关空间维度等。

在何时、何地，以及在何种假设条件与情景下水资源与其他领域相互作用可能成为现实，目前这个问题仅取得最基本的认识。目前，大部分分析方法在时间上是静态的，没有考虑地理空间尺度，也没有综合考虑实际风险。在资源配置和风险管理决策方面，决策者、大众、企业、投资者和资产运营商者所缺少的正是上述分析能力。

随着将来进一步发展，Water Skin 将提供信息丰富的仿真平台，以更好地理解和模拟能源、水、土地、农业和其他资源之间复杂的内在联系。Water Skin 决策支持平台将专注于全球公益事业，通过公共、私人及研究机构等部门更多的跨学科专家，针对各领域建立一个可开放访问和交互操作的平台，通过 Water Skin 和用户合作协议，发布开放式数据交换的标准，以便全球研发机构能够访问和集成数据，从而提供决策支持。

展望

我们的远期目标是组建一个 Water Skin 研发联盟，指导企业、政府、航天局、非政府组织、基金会、学术研究机构，在未来 3~5 年内共同提升新技术研发和新制度制定的能力，以充分提升决策者在水资源和风险管理方面的能力，满足环境可持续以及社会公平方面的需求。

未来，我们期望在我们的帮助下，水资源管理者和相关专家具备适应新时代的能力，且该能力可在全球范围内复制。

通过前期几个流域在传感、分析和合作层面的创新研发和测试，Water Skin 论证了该方法的可行性，并给参与者带来显著效益。随着时间推移，未来一系列新问题将出现，有待我们去解决。

第11章
水合作伙伴关系的革新

　　本章阐述了通过创建公私联盟实现水资源行业转型的一些举措——建立多方参与平台，集中不同利益相关者，协助政府共同讨论、设计、实施节水改造的方案以及提出项目和政策建议，应对已经出现的水安全挑战。本章总结了 2006—2009 年间世界经济论坛水行动第一阶段印度、南非和约旦等国开展的相关工作，这些工作得到瑞士发展与合作署(SDC)和美国国际开发署(USAID)的资助。

　　本章参考了由瑞士发展与合作署高级顾问 Christoph Jakob 编著的两期世界经济论坛报告(2008 年、2010 年)。2007—2009 年 Christoph Jakob 由瑞士发展与合作署借调至世界经济论坛。Christoph Jakob 与水倡议顾问 Rachel Cardone 联合完成了该项工作，并得到瑞士发展与合作署合作顾问 Alex Wong 的支持。本章涉及的主要分析成果及专家意见，来自于 Halcrow 集团的专家组，该专家组由 Jon Bateman、Richard Harpin、Bryan Harvey、Lauren Mittiga、Michael Norton 和 Bill Peacock 组成。此外，这两期经济论坛报告还对印度 Chandan Chawla 与南非 Thabani Myeza 当地的实践活动进行了分析，报告具体内容可在 http://www.weforum.org/water 查阅。

11.1　背景

　　世界经济论坛的水资源合作项目于 2005 年启动，由加拿大 Alcan 公司（现为 Rio Tinto 集团)和瑞士发展与合作署通过公私合作共同开展。合作双方都意识到，亟需采取行动解决一个日趋严重的问题：在水—能源—食物—气候关系中，水资源必然将被争夺，尤其是在发展中国家或快速增长的经济体，这将引起不同用户之间越来越多的纷争，最终阻碍社会和经济向其发展目标前进。目前的挑战主要是：如何建立一套方法，来设计并实施关键的公私项目，并通过两者之间相互关系创造机会，而不是制造冲突。

　　我们需要转变固定思维，即不同部门的利益相关者之间也可以开展合作。虽然水资源相关的一些多方合作和试点项目已经取得成功，但目前只能在有限范围内实现该项目的技术借鉴和复制。因此，如何创建可扩展的公私合作机制是第二大挑战。水资源倡议小组在探索阶段已认识到，阻碍合作项目成功实施的因素是合作过程中各参与方需要耗费大量的时间和精力。

目前，2006—2009 年间的倡议试点已成为"实践中学习"的实验基地，该试点工作致力于建立一个创新的多方合作平台，为水资源部门建立潜在的公私社区合作关系(PPCP)。这些试点工作取得了显著的进展，如目前已经建立三个业务协作平台，分别在印度、南非和约旦，且每个平台都形成了各自的项目渠道及发展战略。在这个试点工作中，2个开发机构(SDC 和 USAID)通过担保为上述工作以及关系网建立提供了资金。

倡议试点工作取得了一定成功，也面临了一些挑战，而正是这些挑战迫使利益相关方不得不去重新评估并完善相关工作程序。在这个试点工作中，我们也总结了一些经验，如可利用正在实施项目的实际情况来统计项目的手续费，这也是项目成功实施所需开展的工作之一。我们发现，在实际工作中多方合作平台将发挥许多其他的显著作用，而所有这些作用都有利于双赢理念的发展及其思维方式的转变，从而促使利益相关者之间的合作进一步加强。

11.2 区域平台和关系网

印度

在 2005 年 11 月印度经济峰会上，印度工业联合会(CII)与世界经济论坛相结合，成立了印度商业水联盟(IBAW)，该合作平台也成为了峰会关注的焦点。印度商业水联盟成立的初衷是要促成公私社区重大合作项目，涉及水资源开发、流域管理、废水处理和循环利用、供水安全等领域。2005 年 11 月至 2007 年 11 月印度商业水联盟由美国国际开发署资助，其后由印度 SDC 资助。资助资金由联合国发展计划署管控，印度工业联合会为具体执行机构。从国家层面来看，2006 年印度拉贾斯坦邦政府已成为该倡议的工作中心。在本书出版时，拉贾斯坦邦的印度商业水联盟已批准 6 个不同阶段实施的项目，另外 50 多个项目正在前期策划中。

以下是印度商业水联盟开展的一个公私社区合作项目范例。拉贾斯坦邦的一个非政府组织 Jal Bhagirathi 基金会，通过公私社区合作框架下加盟私营部门，在社区层面开展了海水淡化工厂的建设。私营部门合作伙伴 Environze Global，负责贝阿瓦尔 Pachpadra 村海水淡化工厂的设计、制造、安装、测试、投产，并承担工厂运行成本。随着海水淡化工厂的投产，安全饮用水能够以十分低的价格提供给村民。村民们都乐意购买低价格的饮用水。

在地方政府相关规章制度的管理下，这部分费用可用来支付工厂的运行成本。值得注意的是，这些设计专门针对当地用户，而基金会在这其中发挥了十分重要的作用。

另一个项目案例是，贝阿瓦尔每天对 1000m³ 城市污水进行回收，并用于工业。这部分节约出来的工业用水，现在可等量供给国内人民饮用，从而惠及了约 37 万人口。该项目涉及合作伙伴包括斯里水泥公司、拉贾斯坦邦政府、拉贾斯坦邦贝阿瓦尔的市政公司。该项目成功的关键在于建立了多方协作平台，该平台可供公私利益相关者合作规划双赢项目。

拉贾斯坦邦模式的实践，为多方利益相关者参与项目的实施积累了宝贵的经验与教训。例如，当将州政府列为项目合作伙伴时，一些活动会由于执政政府和官员的变化而被推迟。然而，目前各届州政府自始至终都很重视该模式，一直对参与水资源开发项目的多方利益相关者十分关注。尽管政府内部各部门发展不一致、人员不断变动，在水资源项目实施过程中，该平台都应保持与政府的合作并长期支持政府，这对平台的信任感建立及合法性至关重要。

印度商业水联盟通过以下方式积极支持印度工业联合会，如在规划和实施公私社区合作的流域水资源开发项目时，印度商业水联盟集中资源和专业知识，对技术人员进行培训，即意味着印度商业水联盟积极与政府及其他部门合作，共同制定工业领域的水资源管理办法。培训的学员从水资源密集型产业(如火电、食品、饮料、纺织、纸浆和造纸、钢铁)的中型或大型企业中挑选出来。公共部门也组织了能力建设方面的培训，以提升水资源部门官员的水资源项目设计理念，使其有信心、有能力与私营部门、非政府组织代表合作。

南非

早在 2006 年，南非就建立了水利合作项目设计平台。当时非洲发展新伙伴计划商业基金会(NBF)与水资源倡议合作，在国家层面建立了合作伙伴关系。在非洲发展新伙伴计划商业基金会的协调下，2006 年度世界经济论坛非洲峰会成立了一个由 30 多个公共、私人和民间社会组织组成的合作平台。该平台重点关注两类水资源项目，一是致力于为南非北部最贫穷地区 75 万人提供清洁用水；二是致力于为采矿业提供可靠的供水，以刺激经济增长。

一旦这两类项目的实施流程形成固定模式后，将被移交给专业实施机构来推动。然而，目前没有一个值得信赖的经纪人或"唤雨巫师"，穿梭于政府、行业组织和其他利益相关者之间来监督项目的实施，从而导致项目的执行陷入僵局。有趣的是，一般是利益相关方认识到项目实施流程固定化的优势，并继续积极参与项目的实施，对项目的设计不断改进。非洲发展新伙伴计划商业基金会与水资源倡议合作，专门成立了项目管理办公室，以协调项目实施，促进利益相关者之间的合作，并聘请了一位来自南非水务部门值得信赖的知名人士作为专职项目经理。南非水利部门与非洲发展新伙伴计划商业基金会合作,一起实施非洲伙伴计划(APP),并在项目实施过程中加入私营企业,以推动项目的开展。在项目实施过程中,企业占据主导作用,在政府与行业之间建立合作伙伴关系。非洲发展新伙伴计划商业基金会通过与南非国家规划相结合,并获得相关部委的支持,从而促进项目的顺利实施。在南非水关系网的指导下,该合作平台将国家水资源战略优先方向调整为废水处理与再利用、水资源需求管理、水资源保护工程等方向。非洲发展新伙伴计划商业基金会和水资源倡议现已与南非水关系网的工程部门合作,并引入私营企业,共同开展 3 项重大工程,从而有利于实现南非的水资源增长和发展战略。同时,他们还在积极追求其他领域的潜在合作。上述项目的实施为国家水资源开发战略目标服务,并改进南非的废水利用方式。南非水资源倡议相关工作成果显示,私营部门的加入有效推动了水资源项目实施流程的完善与改进。

　　南非实施了一个公私社区项目,即 NBF 与一家大型煤矿开采公司合作,共同设计了一个大型废水处理项目,对多余的矿山地下水进行处理,然后补充给当地的市政系统。该项目计划将废水处理成饮用水标准,并与其他利益相关方签订长期采购协议。因此,NBF 与项目实施方合作,共同寻求潜在开发商和资助者的投资,并确认再生水的买家。若没有 NBF 和该平台的沟通联系作用,私有、公共和非政府组织利益相关者(项目涉及的各方)中的任何一方,都不具备将三方聚集一起的能力。

约旦

　　受到印度和南非的经验启发,在 2009 年 5 月中东世界经济论坛上,约旦的公共和私人利益相关者成立一个约旦商业水联盟。约旦水利灌溉部部长和规划基建部部长委托世界经济论坛,帮助约旦政府建立一个重要的新型伙伴合作平台,通过这个平台同时吸引私人和公共的融资,以实施一系列新的公私社区水资源项目,使稀缺的水资源得到充分利用,从而使社会的各方面受益。约旦部长们启动项目后,截至 2012 年为这些新项目筹集了总经费超过 5000 万美元的流动资金。在 2009 年 10 月安曼水资源研讨会上,世界经济论坛、美国国际开发署和德国技术合作协会(GTZ)组织成立了约旦商业水联盟。来自约旦公共部门、私营企业和民间社会共 70 个代表参加了研讨会。他们聚在一起,开展了为期一天的公开对话和相互交流,通过集思广益,推动大家共同应对约旦严重的水资源问题。研讨会结束之后,为协助上述 2 个部委,美国国际开发署、德国技术合作协会、约旦工业商会和在约旦的美国商会成立了特别小组,同时招募了 1 个项目协调员。目前,该特别小组开始启动废水处理相关的项目,包括约旦商业水联盟组组实施的 2 个项目,即国家岩石和大理石切割行业的废水处理和再利用项目。

11.3　演变过程

在启动阶段,这项试点工作围绕"中间人业务"中心,着重建立水利改革多方合作联盟,即一个促进利益相关方交流的实体,并对项目进行人才和资源的配套,通过项目实施促进水资源相关技术的发展和完善。我们发现,中间人工作已成为项目成功的一个要件,而多方合作平台也为项目的顺利实施发挥关键作用。为此,地方或国家在水资源领域搭建了新的架构体系,具备以下功能:

● 支持并倡导一种新型的公共—私营—民间模式,有利于问题的识别和项目合作的规划。

● 将公共、私营和民间社会中水资源涉及的关键利益方集中,并营造一个中立的环境。在这个环境中他们可以彼此建立关系、了解各类发展议程、并共同分享经验与想法。

● 将新的模式流程化,并建立一个中立的场所,供人们提出他们遇到的挫折和问题(建立一个联系簿,包含邮箱和电话号码等基本信息,并成立一个实体机构来组织相关研讨会与论坛)。

虽然建立的这些关系和平台还不足以提供一个完整的解决方案。但从长远来看,这些关系与平台的结合,可在加强利益相关者之间联系、顺利实施合作项目等方面发挥重要作用。

例如,在约旦倡议研讨会的开幕式上,几位与会者均表示,这是他们第一次与国家水资源议程中其他部门利益相关者对话,并了解这些部门中水资源的重要性及其开展的水资源相关工作。最先启动的几个专题工作组(如农业、食品加工、能源、工业),均在努力寻求他们与水资源领域合作的方式,并通过进一步对话,来探讨他们与水资源的关系。这些利益相关者以往并不习惯进行跨部门合作,因此,这些最先启动的讨论不是一种泛泛的信息共享,而需要提前进行针对性的准备、收集大量事实案例,并在信息共享方面提供足够的便利性,从而确保他们之间对话的有效以及知识的共享。

在印度,私营企业合作开展PPCP项目的典型示范表明,他们在合作事项中一般不会考虑水资源。一旦他们把视野扩展到未来出现的问题及可能的解决方案时,将会发现水资源与其他工作结合起来的重要性。届时,他们才开始认识到废水再利用等公私双赢项目在商业链中的重要作用。

另一个重要的经验是,我们有必要将不同文化、不同部门之间的交流方式,转化为一种通用的方式。来自不同背景的参与方,在他们进一步建立关系之前,需要在水资源问题方面达成共识。在南非,水资源协商制度的制定在国家经济增长战略中发挥了重要作用,从而使政府意识到水资源挑战不仅与水务部门相关,还将跨越不同领域(农业、能源、工业等)部门。同时,私营企业代表逐渐认识到各部门有必要联合起来共同应对南非的水资源挑战,从而来应对整个国家发展的挑战。因此,这意味着公司合作伙伴关系发展战略将会超越国家规定最低要求,并鼓励各利益相关者共同行动,来解决共同的问题。

另一个重要发现是,这些合作平台同时促进单个项目和整个行业的融资能力。在印度,IBAW 平台从美国国际开发署筹得 20 万美元赠款,同时额外刺激了 2000 万美元的项目融资,其中 10%来源于发展拨款、60%来源于私营企业、30%来源于"无障碍"政府基金。这表明,公私合作机制或水资源合作平台值得发展援助资金投资,同时它吸收了大量的民营资本,来资助合作平台上的工程与项目实施。

然而,在南非试点的第一阶段,由于没有资金可用于聘请专职协调员,导致当地协调员的缺乏,从而导致模式固定化项目实施的推迟。经验表明,如果可以利用资金建立一个资源平台,聘请值得信赖的中间人,则这项工作可取得一定进展,并进一步刺激额外的项目融资。一个知名的、值得信赖的协调员应隶属于中立的机构,可指导工作的实施,并激励利益相关者,从而促使项目的顺利实施(目前,南非平台拥有这样的资源平台和协调员,因此运作良好)。

另一个经验表明,"模式固定化"的工作无疑是这一难题的最关键部分。在目前倡导的公私合作过程中,无论政府、企业、非政府组织,还是发展中的合作伙伴,在问题识别与解决、贡献分析、关系建立、角色定位等各个方面,需要进行观念的转换。如果没有延续的维护费,很容易产生"生存危机",导致大家返回到从前的习惯和思维方式。因此,新型合作平台可以作为一个指针,指引发展的方向,从而保持行动的前进。通过这个指针,可让这个平台保持持续的改进,并让所有利益相关者成为合作伙伴,有助于传播知识、建立信任、监督项目实施、协助执行,并从利益相关者获得持续的支持。

11.4　展望

本书前几章已经表明,单一方法无法应对水资源的挑战:解决方案是否有效受到地方、国家、区域以及全球层面的政治和文化影响。正因为如此,人们一致认为,政府、各行各业(包括农业/农产品行业)、社区和非政府组织必须联合起来,调动各方面的资源及其优势,共同应对挑战。

然而,在这些不同利益相关者之间寻找共同点也是一种挑战,往往需要耗费大量时间,令人丧失耐心,因此容易被大家忽略。上述试点工作在联盟和平台建立方面已取得一些成功经验,即在经济增长的大背景下,应采用多方合作方案,来应对水资源短缺的挑战。

水资源短缺的影响令人十分担忧，然而也给大家带来一个机遇，即迫使大家重新思考如何利用较少的水资源来满足多个用水户的用水需求。实现这个远大的目标需要制定一个长期的战略方针，目前可以通过个人和组织合作启动改革，迈出实践的第一步。根据试点工作的经验，以下要素可作为改革的基础：

①创建一个公共机构，由有共同需求和共同利益的个人与组织组成。在这个机构，大家可以交流思想、完善应对策略、激发创新，共享资源或共用"空间"。

②为关系网的建立及相关项目的实施提供资金。历史经验表明，不同尺度（项目、地方、国家、区域和全球）的公共机构建立，均能够以较低的成本，获得较好的项目实施效果，并能充分利用民间资本来满足社会的需求。尽管公共机构的建立具有上述种种优势，目前仍难以吸引公众资助和捐助。

③挖掘创新领引者，即拥有专业技能和创新积极性的个体。为了寻求地方、区域、全球层面的水资源可持续管理与利用，创新领引者愿意与其他部门涉水人员开展合作。这些创新领引者可以是工程师、商人、金融家、政府官员、基层组织者，或是其他机构、公司和领域从事水资源相关的人。

④更加注重水资源综合管理和服务交付。跳出传统的蓄水和供水工程建设思路，大家着重把资金投入到综合解决方案（如工业、市政和农业领域的废水回用），从而满足流域内多方用水户的需求。

⑤所有这些讨论和活动均基于一个良好的前提条件，即充分考虑国家的水资源现状与经济发展趋势下的水资源近期规划（如规划水平年为 2030 年），确保所有关键利益相关者参与讨论，并在水资源"势分析"等核心方面达成一致意见。只有相同的起点，大家才能对合作关系的变革开展相关讨论。

2010 年世界经济论坛年会探讨了各国领导小组建立非正式多国平台以推动水资源管理改革的可能性。与会者一致认为，2030 年水资源小组（如前面章节所述）第一阶段开展的多种经济分析方法组合试验，可形成事实基础库，作为我们改革的起点。政府与多方合作联盟、合作平台一起工作，形成一个极具吸引力的组合，以促进水利部门的全面改革。

挑战已经开始：如何建立一种机制来推动行动？水资源倡议论坛的下一阶段工作能否与 WRG 方法相结合，即对于一个热衷参与公共—私人—社区跨部门创新活动的国家，如何将基于事实的分析方法与多方合作联盟结合，从而推动其水利部门的转型？

第12章

结　论

前几章已经表明,水安全(无论是长期水资源短缺的挑战,或一次洪水灾害的挑战)是当今社会、政治和经济面临的极大挑战,同时这也导致了日趋严重的环境危机。

本书分析表明,根据预测2030年全球将面临40%的水资源供需缺口。此外,对于全球相互关联的经济体系,日益加速增长的水资源短缺压力将影响到世界各地的食品和能源系统。例如,未来15~20年,日益严峻的水安全风险将引发全球粮食危机,届时谷物粮食短缺将高达30%。然而,与此同时,亚洲等经济快速增长地区能源和工业部门的发展需要投入更多的淡水资源(至2030年需增加70%水资源供应)。如果在水资源管理方面没有一个质的改善,这些相互关联的作用将为各国政府带来一个难以解决的供需难题。

本书各章节均已强调了水的公益性和公共资产特点(不像能源),水安全与粮食安全、能源、贸易、国家安全、健康和生计、商业战略、金融市场,以及气候变化等之间有着密切而复杂的关系,使得水资源需求相关的挑战更难以应对。政府是国家水资源的最高管理机构,在相关框架制定中发挥重要作用;此外,不同部门的利益相关者和商界、学术界以及民间社会团体的利益相关者,同样在规划与提供国家或地方层面的解决方案中发挥了作用。

多方利益相关者的参与,意味着必须建立联盟,即公私民间联盟在同一个政策框架内,充分发挥各自优势,共同应对水安全挑战。正如第8章和第11章中探索的新型水资源合作伙伴关系建立试点工作,这是近期许多商业、水资源相关报告和倡议的核心结论。

然而,建立公私民间联盟是一项艰巨的工作。创立一个"中立的集中机构",打造一个多方合作联盟,以系统的方式来应对水安全挑战,已超出了任何一个国际机构、非政府组织、专家团队、农民协会、工会或公司的能力。即使是政府,有时也很难做到单独应对水安全挑战。

近3年来,世界经济论坛水资源倡议组织、全球水安全议程和水资源小组,在水—食物—能源—气候关系方面的认识逐渐提高,有利于全球、区域和行业的水安全议程的完善。在此期间,许多政府官员、商界领袖、专家和民间社会代表,已经从希望提高认识转变为渴望采取行动。在新时代经济发展背景下,这种渴望被进一步强化,如第10章所述,在事实的基础上设计改革方案,并开发可推广应用的创新决策支持系统。面临水安全挑战的政府,越来越愿意与这样的联盟合作,因为该联盟具备应对水资源挑战所需的专业知识。

2010 年 1 月,达沃斯—克洛斯特斯世界经济论坛年会提出了"达沃斯计划"的核心,即渴望对话转变为渴望行动,建立经济分析方法转变为创建联盟,并在水资源改革议程中通过与政府合作来支持政府,这也是商界领袖和水资源专家提出的观点。他们与水资源小组代表,一起组成了水资源倡议和全球议程理事会的水论坛关系网。该年会在水资源利用和保护新举措方面提出了一个议题,即在目前可提供的最好基础上建立一个平台,通过与政府的合作来推动水资源领域的改革。该议题总结如下。

"达沃斯议题"

我们现在必须从对话转变为迅速行动。在世界经济论坛建立一个中立平台,以集中相关优势,从而形成"达沃斯计划"。该计划将建立一个良好的关系网,融入公共、民间社会和个人专家的意见,从而为进行水资源管理改革的国家寻找合作伙伴。

在 2030 年水务集团分析方法(http://2030waterresourcesgroup.com/)的基础上,达沃斯计划将参与各国的水资源改革之路,帮助各国在最短时间内获得最有效的管理工具和实践机会,包括开发合作关系模型、制定政府政策,同时帮助他们提升管理能力、调动财政资源、并与不同国家建立伙伴关系。

实现达沃斯计划需要相关国家的共同参与。水资源对于这些相关国家的发展具有核心作用。这些国家共同加入达沃斯计划,在实现水安全的路程上携手同行。该计划实施的目标是汇集来自公众、研究机构、非营利组织和私营企业的专业知识与经验,并使这些经验能够成为其他国家应对类似水安全风险的基础。

达沃斯计划遵循六项原则:

● 建立具有支撑作用的国家级联盟与关系网,以促进世界经济论坛水行动成员之间合作伙伴关系的形成。

● 利用这些关系网产生杆杠效益,以促进改革加速,加大专业知识的传播,从而扩大影响力(而不是建立一个类似的实体)。

● 认识到能源、粮食与水安全之间的相互关系,并通过这些关系的智能管理实现双赢的局面,从而对社会的进步及可持续发展产生积极作用。

● 吸收各方的突破性成果:包括来自技术工程公司、金融服务合作伙伴、社会企业家、援助机构、国际组织、金融开发机构、民间社会、非政府组织、社区组织、农民、专家团队和研究中心等的成果。

● 建立由国内专家、国际专家、世界经济论坛全球水安全议程理事会成员、其他论坛议程理事成员组成的关系网,并通过该关系网引入高级专家。

● 使各国政府能够认识到其在水资源领域发挥的领导力,并充分共享各国的智力资源,以降低行动的政治风险。

达沃斯会议建议成立一个工作组,在建立框架、规划内容、实施改革、监督管控、形成伙伴关系、安排融资等方面,担任新达沃斯计划的载体。该载体于 2010 年推出。

达沃斯计划涉及的范围十分广,目的是对水资源领域同一时期不同工作进行协调,以实现资源的传递以及效益的最大化。我们期望出现滚雪球效应,将如今水资源领域涉及的关键行动及工具,转换为联盟变革的一部分(每项变革根据其特有的优势,并兼顾政府定制需求,提供相应的服务),这一调整将真正满足政府的需求,即驱动一系列服务和资源,从而满足他们各种需求。为支持政府的水资源改革,需要实现公私部门的大规模联合,从而促使改革的启动。

如达沃斯计划显示, 对于从对话分析转向合作行动的倡议, 资深商界人士会积极响应。"为了应对我们共同面临的水资源挑战,各国政府、民间社会和企业必须以前所未有的力度进行联合。尤其是作为企业领导者,我们需要大声说出来、站起来,以扩大我们对水资源可持续发展的影响力。" 美国 Coca-Cola 公司董事会长兼首席执行官 Muhtar Kent。2010 年 1 月,各国家部长、政府官员、国际组织、首席执行官和非政府组织领导人,以及其他专家在讨论达沃斯计划时,一致认为该计划是一个正确的想法,这项工作应往前推进,为了解决水资源问题,新型公共私营部门专家联盟应与政府共同开展工作。

上述讨论以及 2010 年春夏季进一步对话的成果是, 一些面临严峻水资源挑战的政府,通过参加达沃斯计划,在水安全和水资源改革方面参与更具实质性的公私部门专家对话。约旦政府、印度卡纳塔克邦州政府、墨西哥政府等均通过各自国家水资源委员会参与该计划。约旦是中产阶级不断增长、面临水安全挑战最严峻的国家之一,以下是约旦的观点。

12.1　来自约旦的观点

约旦规划与国际合作部

我们已经认识到,水资源短缺是世界各地一个越来越严峻的问题,已成为国家经济社会发展与政治稳定的主要挑战。我们应足够重视该问题,并在国家规划中对其给予足够的权重,作为人民生活、社会发展和经济增长的重要前提条件。因此,我们愿意并支持建立由多方利益相关者和跨部门组成的水资源平台,帮助我们应对水资源挑战,并根据政府需求制定一条特有的水利改革途径。在此背景下,为了应对水资源领域的挑战,除了需要建立公私伙伴关系来创建商业联盟，还需要各国政府、捐助者和公司的共同努力。

约旦是世界上水资源最缺乏的十大国家之一，因此水资源短缺问题对国家未来的发展和增长极其重要。约旦人均年淡水资源量145m³，严重低于国际水资源贫困线1000m³，这一事实是我们长期规划需要考虑的核心问题。根据预测，2022年约旦工程性缺水将达到2.84亿m³，因此我们必须致力于制定全面、综合的水战略。

约旦以保障水安全为目标，在污水处理厂、供水管网、以及海水淡化厂等领域斥巨资，规划并实施了大量的工程。在合作伙伴的支持下，约旦政府投入巨资先后用于改善了整个国家的供水、降低了水资源损失、以及升级修复了供水管网和污水处理厂。过去3年，政府在水资源部门的投资总额占所有行业总投资的17%。预计2011—2013年水资源部门的投资将达到政府投资总额的21%左右，这是所有优先领域中最高的投资比例。

根据国家中长期规划，约旦正致力于实施一些水资源相关的大型项目。通过这些项目的实施，约旦政府利用与私营企业的伙伴关系，在应对水资源部门面临的长期自然资源制约、发展制约以及严峻的环境挑战中发挥重要的作用。从中期来看，约旦已开始实施Disi输水工程，缓解约旦首都及周边地区的严重缺水问题。从长期来看，随着约旦红海—死海输水工程的启动，约旦缺水问题将进一步得到缓解。该输水工程包括兴建一条从红海到死海的隧道，一个为该地区供水的海水淡化厂，一个利用两个海之间超过400m水头差发电的水力发电厂。该项目的目标一方面是阻止死海水位的下降，另一方面是为约旦、以色列和巴勒斯坦国家的人民提供饮用水。

但是，单独依靠基础设施硬件的建设，并不能消除迫在眉睫的缺水问题。尽管新建了大量的水资源开发、分配和废水处理的工厂，约旦的缺水现象仍然存在。水资源相关工程的投资规模较大，但获得的经济回报是较低的。随着水资源的极度缺乏以及供应成本的增加，约旦的经济增长将被抑制，因此需要提高水资源开发利用的性价比。这也是为什么约旦政府在制定2008—2022年水资源战略时，提出了"生命之水"的概念。该水资源战略设立的目标包括减少水资源需求、提高用水效率、增加参与水资源决策的利益相关者、提出针对水资源短缺的创新性解决方案以及可替代方案等。这些目标的实现都需要约旦对未来用水资源需求进行跨部门管理。事实上，由世界经济论坛/水资源小组承担启动的水资源计划将通过联合政商界领袖、民间团体和全球水资源专家，进一步提高对水资源领域结构改革挑战的认识，并与企业、民间社会建立联盟，共同应对水资源的挑战。

WRG的世界经济论坛水资源倡议组织对约旦至关重要，正是在该倡议组织基础上2009年中东世界经济论坛进一步促成了约旦与商业联盟的水资源合作。该倡议组织目标与约旦国家的承诺一致，即参与多方对话、建立合作平台、鼓励跨海项目，同时还借鉴国际上应对水资源挑战的经验，探索新的发展机遇。随着水资源项目中公私社区合作关系的建立,我们希望成功的经验可在其他国家复制。有效的国际合作平台,将为同样面临水安全挑战的国家开发一种通用的语言,可在制定和实施水资源改革线路方面交换意见,实现全球水资源部门协同发展,最终达到全球水安全的共同目标。

12.2 这项倡议将如何付诸于行动

世界经济论坛水资源倡议与水资源小组建立了结盟。第 10 章展示了水资源小组的高级分析能力,第 11 章展示了经济论坛水资源倡议对多方利益相关者的召集能力,将两种能力相结合,为建立一个高影响力、快速解决水资源领域问题的公私合作平台提供了巨大潜力。根据前述章节关于水资源与经济增长之间关系的内容,该联盟利用水资源管理和改革的系统方法,将一个国家的水资源禀赋纳入该国政治、社会和经济结构框架的一个组成部分,并对世界的发展产生一定作用。

联盟的目标是打造拥有国际专业知识的需求驱动平台,以支持政府开展以下工作:参与基于事实的分析、召集多方利益相关者讨论并建立联盟,以在水资源领域的公私部门之间承担纽带作用。这正好与达沃斯倡议的定义相符。

该项目将在特定时期(2010 年秋季至 2012 年春季),在少数几个示范国家(尤其是在国家和准国家级别)如印度、约旦和墨西哥实施。其目的是为了界定平台的"定义",即一个公私专家合作平台,可以和政府一起工作或支持政府,帮助其在经济增长战略的大环境下,规划和实施针对性的国家水资源改革议程。这可能也是中国甚至包括南非所追求一个重要联盟时期。本书中提到的很多企业已形成了一个关系网,将有助于支持和宣传这项工作。在国家层面,一系列发展机构、国际金融机构、非政府组织和其他专家组织也参与其中。

该项工作一般遵循两个步骤:①第一步,完善基于国家或地区层面事实的水资源供需差距分析方法,即引导国家开发类似第 10 章叙述的工具。这项工作依赖于现有的分析方法,并对这些方法进一步完善。首先,借助国际金融机构如 International Finance 公司(IFC)和亚洲开发银行(ADB)的能力,建立政府提出的水对话需求框架,然后将这个需求事实作为详细讨论和行动计划的基础。针对每一个国家、地区或流域,这项工作将在专家顾问的协助下,对分析工具进行持续的开发(最多 4~6 个月)。

②上述示范的国家,从第一阶段分析工作开始,就计划建设当地的公—私部门联盟,以识别潜在的改革项目、规划与政策,并利用专家、民间社会、私营企业(技术、专业、建议方面)的专业知识,协助公共部门进行水资源规划与管理。上述行动,将通过国内外成功实践的档案记录、举办研讨会与对话、利益相关者的参与和认识水平提高等相关活动来完

成。第一阶段创建的分析方法，有助于为相关大纲和对话提供整体框架及具体内容，从而集中利益相关者，以性价比最高为目标提供水资源管理改善方法。政府、企业、非政府组织、农民、国内用户和国际社会的代表都将参与上述讨论，从而有利于规划的具体行动（项目、政策、合作安排等）能够被所有人理解与支持。从本质上来说，这项工作可以看作是在国内公私专家实质性互动基础之上开展的，即充分利用了企业和社会的专业知识，以及由公共部门代表、国际金融机构专家、区域开发银行专家和双边发展机构专家等组成的国内以及国际关系网。针对存在水资源问题的国家需要开展一系列的长期合作，以监督和跟踪改革、项目实施所带来的影响。根据需要，可根据国内或国际专家的咨询意见，在具体事务或框架结构分析上提供建议。通过上述活动，使公私专家平台的想法付诸行动，帮助各国开启水利改革之旅，正如第 11 章介绍的模式固定化相关经验。

这项工作的重点，是在一些关键地区扩大公私新型联合方式的影响力，并提供相应的"定义"。此外，该项目还将通过与 IFC、其他国际组织的合作，创建一个全新的世界实体，以推动这项工作，从而为在未来水战略方面寻求帮助的政府提供坚实的基础。从这个意义来说，这项工作本身成为一个孵化器，将在"水"中生长，并为搭建全球水资源架构启动新的篇章。International Finance 公司将公共部门和私营企业联合，是一个重要的利益相关者。在水资源战略改革之外，很多创新融资机制被建立。这些机制十分重要，可为国家水资源领域吸引国内和国际的投资。

世界经济论坛水资源倡议组织除了得到水资源行业合作伙伴的大力支持，还得到公共部门和私营企业的赞助。特别的是，这项工作同样也要求政府或国内相关机构等参与方共同赞助，这样所有的利益相关方将"肩并肩"合作开展工作。

在论坛近期全球规划计划（GRI）大背景下，在水资源倡议项目委员会公司、全球水安全议程理事会和水资源集团的联合开发下，这项工作的理念将进一步发展。这种高影响力的短期行动，可以展示国家的影响力，同时为世界体系创建新型公私部门架构，这一点与GRI 的发现高度一致，即世界经济论坛可实质性开展上述工作。在推动全球、区域和行业用水安全议程方面，这项工作将为利益相关方提供参与机会；此外，这项举措将为试点国家带来一个实实在在的利益，即协助他们解决其最紧迫的发展问题之一。

前几章中，公众人物、专家、非政府组织和商界领袖在水安全关系中合作的案例引人注目。通过这项及其他相关工作，我们已对未来水资源需求有了更深层次的理解。在紧迫的新形势下，根据政府的长远目标，来自世界各地的政府领导、专家和商界领袖，正着手启动一个公私专家改革议程。

你可以登录 http://www.weforum.org/water，找到关于第一个改革发生地点、以及如何参与该项工作的详细信息。

主要参考文献

引 言

[1] See"World Grain Exporters and Importers,"*RiaNovosti*,http://en.rian.ru/ infographics/20100812/1601 71412.html,based on statistics from the US Department of Agriculture for 2009–10.

[2] Quote taken from United Nations Secretary General Ban Ki–Moon's speech at the World Economic Forum Annual Meeting in Davos–Kloster to a private session on Managing Our Future Water Needs——A Call to Action. January 24,2008.

[3] See"Water Initiative Publications,"http://www.weforum.org/en/initiatives/water/Publications/index.htm. Water Initiative Publications include "Innovative Water Partnerships,"January 2010;"The Bubble Is Close to Bursting,"January 2009;"Thirsty Water:Water and Energy in the 21st Century,"January 2009;"Managing Our Future Water Needs,"January 2008;and "Realizing the Potential for Public–Private–Partnerships in Water,"January 2008.

[4] See the acknowledgements for the full list of contributors.

[5] World Economic Forum Water Initiative,*The Bubble Is Close to Bursting*,2009.

[6] See"The CEO Water Mandate,"http://www.unglobalcompact.org/issues/Environment/CEO_Water_Mandate/.

[7] See McKinsey & Company,*Charting Our Water Future*,2009.

[8] Ibid.

[9] For more information on the IBC,see http://www.weforum.org/en/Communities/InternationalBusiness-Council/index.htm.

[10] United Nations,*UN World Population Prospects*,2008 revision;and Food and Agriculture Organization of the United Nations,*World Agriculture:Towards 2015/ 2030*,2007.

[11] World Bank,*Global Economic Prospects*,*2010:Fiscal Headwinds and Recovery*,2010.

[12] UN–HABITAT,*State of the World's Cities*,*2008/2009*,2009;and JackGoldstone, "The New Population Bomb:Four Megatrends That Will Change the World,"*Foreign Affairs*,January/February 2010,http://www.foreignaffairs.com/ articles/65735/jack–a–goldstone/the–new–population–bomb.

[13] United Nations Environment Programme,*The Environmental Food Crisis*,2009.

[14] International Energy Agency,*World Energy Outlook*,*2008*,*2009*. BLUE Map scenario illustrates reductions of emissions to 14 Gt by 2050.

[15] Project Catalyst, *Project Catalyst Brief*, 2009.

[16] The Secretary-General's Advisory Group on Energy and Climate Change, *Energy for a Sustainable Future*, 2010.

[17] J. R. McNeill, *Something New under the Sun: An Environmental History of the Twentieth-Century World*, 2000. If these figures are accurate, the same data set suggests that total freshwater use in 1990 was about forty times that of 1700.

[18] McKinsey & Company, *Charting Our Water Future*, 2009.

[19] United Nations Development Programme, *Human Development Report*, 2007/2008: *Fighting Climate Change*, 2007.

[20] Food and Agriculture Organization of the United Nations, *Coping with Water Scarcity*, 2007.

[21 International Water Management Institute, *Water for Food, Water for Life: A Comprehensive Assessment of Water Management in Agriculture*, 2007.

[22] Millennium Ecosystem Assessment, 2005. *Ecosystems and Human Well-Being: Wetlands and Water Synthesis*. World Resources Institute, Washington, DC.

[23] World Economic Forum Water Initiative, *The Bubble Is Close to Bursting*, 2009.

[24] United Nations Development Programme, *Human Development Report*, 2007/ 2008: *Fighting Climate Change*, 2007.

[25] William Cline, *Global Warming and Agriculture: Impact Estimates by Country*, 2009.

[26] World Bank, *World Development Report*, 2008: *Agriculture for Development*, 2008.

[27] Ibid.

[28] Food and Agriculture Organization of the United Nations, *Growing More Food~Using Less Water*, 2009.

[29] International Energy Agency, *World Energy Outlook*, *2009*, 2009.

[30] Keith Schneider, "Will There Be Enough Water to Power the Future？，"*Ecomag-ination*, http://www.ecomagination.com/will-there-be-enough-water-to-power-the-future/.

[31] Danish Hydraulic Institute, *A Water for Energy Crisis?*, 2007.

[32] International Energy Agency, *World Energy Outlook*, *2009*, 2009.

[33] Ibid.

[34] World Economic Forum Water Initiative, *Thirsty Energy: Water and Energy in the 21st Century*, 2009. See also chapter 2 of this volume, where the data are reproduced.

[35] Geoff Schumacher, "Solar, Water Don't Mix," *Las Vegas Review-Journal*, October 2, 2009, http://www.lvrj.com/opinion/solar-water-dont-mix-63234432.html.

[36] International Energy Agency, *From 1st-to 2nd-Generation Biofuel Technologies*, 2008.

[37] International Water Management Institute, *Water for Food, Water for Life: A Comprehensive Assessment of Water Management in Agriculture*, 2007; and Danish Hydraulic Institute, *A Water for Energy Crisis?*,

2007.

[38] See "The Concepts of Water Footprint and Virtual Water,"http://www.gdrc.org/uem/footprints/water-footprint.html.

[39] Tony Allan,King's College;member,World Economic Forum Global Agenda Council on Water Security,personal communication.

[40] Food and Agriculture Organization of the United Nations,*The State of Food and Agriculture*,2008.

[41] See"World Grain Exporters and Importers,"RiaNovosti,http://en.rian.ru/ infographics/20100812/160 171412.html,based on statistics from the US Department of Agriculture for 2009/10.

[42] International Food and Policy Research Institute,*"Land Grabbing"by Foreign Investors in Developing Countries*,2009.

[43] John Vidal,"How Food and Water Are Driving a 21st-Century African Land Grab,"Observer,March 7,2010,http://www.guardian.co.uk/environment/2010/mar/07/food-water-africa-land-grab;and Dominic Waughray,"The Pending Scramble for Water,"BBC News,February 2,2009,http://news.bbc.co.uk/2/hi/busi ness/7790711.stm.

[44] For example,see Thin Lei Win,"Cambodia Faces Land Rights 'Crisis,'"*TrustLaw*,http://www.trust.org/trustlaw/news/cambodia-faces-land-rights-crisis-campaigners/.

第1章

[1] "What Was the Message of *The Limits to Growth?* What Did This Little Book from 1972 Really Say about the Global Future?"Jorgen Randers,Professor,Norwegian School of Management BI,Oslo,Norway,April 2010,paper written for the Club of Rome.

[2] International Water Management Institute,*Water for Food,Water for Life:A Comprehensive Assessment of Water Management in Agriculture*,2007,p. 5.

[3] World Economic Forum,*Summit on the Global Agenda*,http://www.weforum .org/pdf/summitreports/globalagenda.pdf. Network of Global Agenda Councils,*Environmental and Sustainability Cluster.* A report from Josette Sheeran,the Chair of the Environment and Sustainability Cluster of Agenda Councils,which met at the Summit on Global Agenda,Dubai,United Arab Emirates,November 7-9,2008;December 1,2008.

[4] United Nations,*UN World Population Prospects*,2008 revision;and Food and Agriculture Organization of the United Nations,*World Agriculture:Towards 2015/2030*,2007.

[5] United Nations Environment Programme,*The Environmental Food Crisis*,2009.

[6] International Water Management Institute,*Water for Food,Water for Life:A Comprehensive Assessment of Water Management in Agriculture*,2007.

[7] Steinfeld,H.,Gerber,P.,Wassenaar,T.,Castel,V.,Rosales,M.,Haan,C. de. "Livestock's Long Shadow:Environmental Issues and Options,"FAO,2006. http:// www.fao.org/docrep/010/a0701e/a0701e00.htm

[8] Food and Agriculture Organization of the United Nations online database, http://faostat.fao.org/.

[9] Food and Agriculture Organization of the United Nations, *Long Shadow: Environmental Issues and Options*, 2006.

[10] International Water Management Institute, *Water for Food, Water for Life: A Comprehensive Assessment of Water Management in Agriculture*, 2007.

[11] For corn and soy, the higher numbers represent crops that are irrigated, while the lower numbers represent nonirrigated crops; for petroleum, the variation depends mainly on the refining process

[12] United Nations Development Programme, *Human Development Report, 2006: Beyond Scarcity*, 2006.

[13] Ibid.

[14] CBOT/Bloomberg, Commodity price evolution since January 2006.

[15] Ibid.

[16] United Nations Development Programme, *Human Development Report, 2006: Beyond Scarcity*, 2006.

[17] International Water Management Institute, *Water for Food, Water for Life: A Comprehensive Assessment of Water Management in Agriculture*, 2007.

[18] International Food Policy Research Institute, *Global Water Outlook to 2025: Averting an Impending Crisis*, 2002.

[19] Ibid.

[20] Pasquale Steduto, personal communication.

[21] World Wildlife Fund for Nature (WWF), *Living Planet Report 2008*, 2008.

[22] World Economic Forum Water Initiative, *The Bubble Is Close to Bursting*, 2009.

[23] References for contribution: Nikos Alexandratos, "World Food and Agriculture to 2030/2050: Highlights and Views from Mid-2009," in Food and Agriculture Organization of the United Nations, *Expert Meeting on How to Feed the World in 2050*, 2009; Food and Agriculture Organization of the United Nations, Natural Resources Management and Environment Department, http://www.fao.org/nr/ water; Food and Agriculture Organization of the United Nations, *World Agriculture: Towards 2015/2030*, 2007; and Jelle Bruinsma, "The Resource Outlook to 2050: By How Much Do Land, Water, and Crop Yields Need to Increase by 2050?," in Food and Agriculture Organization of the United Nations, *Expert Meeting on How to Feed the World in 2050*, 2009.

[24] International Water Management Institute, *Water for Food, Water for Life: A Comprehensive Assessment of Water*, 2007.

[25] McKinsey & Company, *Charting Our Water Future*, 2009.

[26] International Water Management Institute, *Saving Water: From Field to Fork: Curbing Losses and Wastage in the Food Chain*, 2008.

[27] Kuwait Institute for Scientific Research, Water Resources Division.www.waterkuwait.com/KISR_WRD_ brochure_Mar_2008.pdf.

[28] http://siteresources.worldbank.org/EXTMETAP/Resources/Sardinia-METAP-Climate-Change-Adap-

tationMENA.pdf.

[29] Organisation for Economic Co-operation and Development, *Asian Water and Resources Institute: Agricultural Water Pricing in Japan and Korea*, 2008.

第 2 章

[1] US Department of Energy, *Energy Demands on Water Resources: Report to Congress on the Interdependency of Energy and Water*, 2006.

[2] US Department of Energy and the National Energy Technology Laboratory, *Addressing the Critical Link between Fossil Energy and Water*, 2005.

[3] Energetics, *Energy and Environmental Profile of the U.S. Petroleum Refining Industry*, 2007.

[4] Luiz A. Martinelli and Solange Filoso, "Expansion of Sugarcane Ethanol Production in Brazil: Environmental and Social Challenges," *Ecological Applications*, June 2008, http://www.esajournals.org/doi/abs/10.1890/07-1813.1? journalCode=ecap.

[5] National Oceanic and Atmospheric Administration (NOAA), "NOAA and Louisiana Scientists Predict Largest Gulf of Mexico 'Dead Zone' on Record This Summer," July 15, 2008, http://www.noaanews.noaa.gov/stories2008/20080715_deadzone.html.

[6] World Health Organization, "Water-Related Diseases: Methaemoglobinemia," 2010, http://www.who.int/water_sanitation_health/diseases/methaemoglob/en/.

[7] Center for Waste Reduction Technologies, *Industrial Water Management: A Systems Approach, Second Edition*, 2002.

[8] US Department of Energy and the National Energy Technology Laboratory, *Addressing the Critical Link between Fossil Energy and Water*, 2005.

[9] Environmental Mining Council of British Columbia, *Acid Mine Drainage: Mining and Water Pollution*, 2000.

[10] US National Energy Technology Laboratory, *Emerging Issues for Fossil Energy and Water: Investigation of Water Issues Related to Coal Mining, Coal to Liquids, Oil Shale, and Carbon Capture and Sequestration*, June 2006.

[11] US Energy Information Administration, *Annual Energy Review, 2007*, 2008.

[12] US Department of Energy, National Energy Technology Laboratory, *Water Requirements for Existing and Emerging Thermoelectric Plant Technologies*, 2008.

[13] Electronic Power Research Institute, *Water and Sustainability: U.S. Electricity Consumption for Water Supply and Treatment——The Next Half Century*, 2000.

[14] Ibid.

[15] US Energy Information Administration, U.S. *Household Electricity Report*, 2005.

[16] Ibid.

[17] R. Cohen, B. Nelson, G. Wolff. *Energy Down the Drain: The Hidden Costs of California's Water Supply*. Natural Resources Defense Council and Pacific Institute, August 2004, page 2. http://www.pacinst.org/reports/energy_and_water/energy_ down_the_drain.pdf.

[18] Pacific Institute for Studies in Development, Environment, and Security, *The World's Water, 2006—2007: The Biennial Report on Freshwater Resources*, 2006.

[19] As quoted in the World Economic Forum Water Initiative, *The Bubble Is Close to Bursting*, 2009.

[20] Mark Leon Goldberg, "UN Advisory Body Calls for Universal Access to Modern Energy," *UN Dispatch*, April 28, 2010, http://undispatch.com/un-advisory- body-calls-for-universal-access-to-modern-energy.

[21] International Energy Association, *World Energy Outlook, 2008*, 2008.

[22] Project Catalyst, *Project Catalyst Brief*, 2009.

[23] International Energy Agency, *World Energy Outlook, 2009*, 2009.

[24] World Economic Forum Water Initiative, *The Bubble Is Close to Bursting*, 2009.

[25] Danish Hydraulic Institute, *A Water for Energy Crisis?*, 2007.

[26] International Energy Agency, *World Energy Outlook, 2009*, 2009.

[27] International Energy Agency, *From 1st-to 2nd-Generation Biofuel Technologies*, 2008.

[28] International Water Management Institute, *Water for Food, Water for Life: A Comprehensive Assessment of Water Management in Agriculture*, 2007; and Danish Hydraulic Institute, *A Water for Energy Crisis?*, 2007.

[29] Todd Woody, "Alternative Energy Projects Stumble on a Need for Water," *New York Times*, September 29, 2009, http://www.nytimes.com/2009/09/30/ business/energy-environment/30water.html.

[30] Geoff Schumacher, "Solar, Water Don't Mix," *Las Vegas Review-Journal*, October 2, 2009, http://www.lvrj.com/opinion/solar-water-dont-mix-63234432.html.

[31] US Department of Energy, *Concentrating Solar Power Commercial Application Study*, 2009.

[32] Andrew Eder, "Heat Wave Ignites Problems in ET: Weather Causing Mayhem with Computer Servers, Water Supplies," KnoxNews.com, August 18, 2007, http://www.knoxnews.com/news/2007/aug/18/heat-wave-ignites-problems-in-et/.

[33] Modeling by the Hadley Centre, published in 2004 in *Nature*, suggests that by the 2040s, over half the years in Europe could be warmer than 2003. (Peter A. Stott, D. A. Stone, and M. R. Allen, "Human Contribution to the European Heatwave of 2003," *Nature*, 432, 610—614 [December 2, 2004].)

[34] US Department of Energy, *Energy Demands on Water Resources: Report to Congress on the Interdependency of Energy and Water*, 2006.

[35] Institute for the Analysis of Global Security, *The Connection: Water and En-ergy Security*, 2004.

[36] "Water Desalination Report," *Global Water Intelligence*, http://www.global waterintel.com/publica-

tions–guide/water–desalination–report/.

[37] World Economic Forum Water Initiative, *The Bubble Is Close to Bursting*, 2009.

[38] This insert is reproduced from the 2009 Forum/IHS CERA report *Thirsty Energy: Water and Energy in the 21st Century*.

[39] "World Food Situation: FoodPricesIndex," http://www.fao.org/worldfood situation/FoodPricesIndex/en/.

[40] "Ethanol's Grocery Bill: Two Federal Studies Add Up the Corn Fuel's Exorbitant Cost." *Wall Street Journal*, June 3, 2009.

[41] In early 2008, Saudi Arabia announced that it would phase out its own cereal production, realizing that the fossil water used for irrigation of farms might quickly run out.

[42] That is, 22 pounds corn/gallon ethanol. Gallon ethanol = 19,400 kilocalories (kcal). With 10 liters of ethanol per 100 kilometers (only with a fuel–efficient car): 4 kilometers from 2,100 kcal.

[43] Intergovernmental Panel on Climate Change, *Climate Change*, 2007: *Mitiga- tion of Climate Change*, 2007.

[44] It is only now, for example, in a paper prepared for the Bali 2008 conference, that responsible scientists have started to worry that this might have been misleading. See Wetlands International, "Biomass: The Zero–Emission Myth," http://www.wetlands.org/LiznkClick.aspx? fileticket=yIVmODL072c%3d&tabid=56.

[45] The amount of sulfate aerosols (particulates) trapped in ice samples had also risen, though it has declined in recent years with better pollution controls. Unlike greenhouse gases, sulfate aerosols are short–lived and can have a cooling effect. There is still debate about some aspects of the causality of CO_2; warming tends to increase the amount of CO_2 in the air (coming mostly from the oceans).

[46] Crutzen and colleagues have calculated that growing some of the most commonly used biofuel crops releases around twice the amount of the potent greenhouse gas nitrous oxide(N_2O) than previously thought——wiping out any benefits from not using fossil fuels and, probably worse, contributing to global warming. For rapeseed bio–diesel, which accounts for about 80% of the biofuel production in Europe, the relative warming due to N_2O emissions is estimated at 1 to 1.7 times higher than the quasi–cooling effect due to saved fossil CO_2 emissions. For corn bio–ethanol, dominant in the US, the figure is 0.9 to 1.5. Only cane sugar bio–ethanol— with a relative warming of 0.5 to 0.9——looks like a viable alternative to conventional fuels. See "Biofuels Could Boost Global Warming, Finds Study," *Chemistry World*, September 21, 2007, http://www.rsc.org/chem-istryworld/News/2007/September/21090701.asp.

[47] Björn Pieprzyk, Norbert Kortluke, Paula Rojas Hilje (Im Auftrag des Bundes–verbands Erneuerbare Energie e.V.), Auswirkungen fossiler Kraftstoffe. Treibhausgas–emissionen, Umweltfolgen und sozioökonomis-che Effekte. Endbericht, 2009, http://bee–ev.de/_downloads/publikationen/studien/2009/091123_era–Studie_ Marginal_ Oil_Endbericht.pdf.

第3章

[1] See "The Concepts of Water Footprint and Virtual Water,"http：//www.gdrc.org/uem/footprints/water-footprint.html.

[2] World Wide Fund for Nature,"Reducing the Impact of Humanity's Water Footprint,"http：//wwf.panda.org/what_we_do/footprint/water/.

[3] World Wide Fund for Nature, "Water Footprint," http：//www.wwf.org.uk/what_we_do/safeguarding_the_natural_world/rivers_and_lakes/water_footprint/.

[4] Tony Allan,King's College,personal communication.

[5] Definition taken from Hoekstra,A. Y.,and Chapagain,A. K. (2008), *Globalization of Water：Sharing the Planet's Freshwater Resources* (Blackwell Publishing,Oxford,U.K.). See also http：//virtual-water.org and http：//www.waterfootprint.org/ for further definitions and various examples of "virtual water."

[6] Stockholm International Water Institute, "'Virtual Water' Innovator Awarded 2008 Stockholm Water Prize,"http：//www.siwi.org/sa/node.asp? node=25.

[7] Within the water footprint,three types of water are assessed：green water,blue water,and gray water. Blue water is defined as water withdrawn from groundwater and surface water,and it does not return to the system from which it came. Green water is evaporated through crop growth that originates from soil moisture (which comes from rainfall). This is relevant to agricultural products. It is assumed that such a loss is not available to the area immediately downstream of where the crops are grown,and therefore it is considered a water use. Gray water refers to the volume of polluted water associated with the production of goods and services,quantified as the volume of water that is required to dilute pollutants to such an extent that the quality of the ambient water remains above agreed water quality standards. For crop production this would be the volume of dilution to reduce to agreed standards nitrate and phosphate (fertilizer) levels and pesticide levels leaching from soils.

[8] Water Footprint Network, "Glossary," http：//www.waterfootprint.org/? page =files/Glossary.

[9] World Wide Fund for Nature, "Water Footprint," http：//www.wwf.org.uk/what_we_do/safeguarding_the_natural_world/rivers_and_lakes/water_footprint/.

[10] Water Footprint Network, "Your Water Footprint：Extended Calculator,"http：//www.waterfootprint.org/? page=cal/WaterFootprintCalculator.

[11] SAB Miller and the World Wide Fund for Nature, *Water Futures：Working Together for a Secure Water Future*,2010. http：//www.sabmiller.com/files/reports/water_future_report.pdf

[12] The Coca-Cola Company and the Nature Conversancy, *Product Footprint Water Assessments：Practical Applications in Corporate Water Stewardship*,2010.

[13] SAB Miller and the World Wide Fund for Nature, *Water Futures：Working Together for a Secure Wa-*

ter Future, 2009.

[14] SABMiller, "WWF and SABMiller Unveil Water Footprint of Beer," August 18, 2009, http://www.sabmiller.com/index.asp? pageid=149&newsid=1034.

[15] The Coca-Cola Company, "The Coca-Cola Company and the Nature Conservancy Release Water Footprint Report," September 8, 2010, http://www.thecoca-colacompany.com/presscenter/nr_20100908_water_footprint_report.html.

[16] Ibid.

[17] United Nations Environment Programme, *The Environmental Food Crisis*, 2009.

[18] Food and Agriculture Organization of the United Nations, *The State of Food and Agriculture*, 2008.

[19] Biswajit Dhar, "Agricultural Trade and Government Intervention: A Perspective from a Developing Country." *In Agricultural Trade: Planting the Seeds of Regional Liberalization in Asia: A Study by the Asia-Pacific Research and Training Network on Trade*. UN Economic and Social Commission for Asia and the Pacific, 2007, pp. 211–223. http://www.unescap.org/tid/publication/tipub2451.pdf.

[20] Ibid.

[21] World Economic Forum Water Initiative, *The Bubble Is Close to Bursting*, 2009.

[22] "The World Top Ten Wheat Importers and Exporters," Reuters, July 13, 2009, http://in.reuters.com/article/idINSP49082020090713.

[23] Cline William, *Global Warming and Agriculture: Impact Estimates by Country*, 2009.

[24] Biswajit Dhar, "Agricultural Trade and Government Intervention: A Perspective from a Developing Country." *In Agricultural Trade: Planting the Seeds of Regional Liberalization in Asia: A Study by the Asia-Pacific Research and Training Network on Trade*. UN Economic and Social Commission for Asia and the Pacific, 2007, pp. 211–223. http://www.unescap.org/tid/publication/tipub2451.pdf.

[25] See "Madagascar Scraps Daewoo Farm Deal," *Commercial Pressures on Land*, March 18, 2009, http://www.landcoalition.org/cpl-blog/? p=1235.

[26] International Food and Policy Research Institute, *"Land Grabbing" by Foreign Investors in Developing Countries*, 2009.trade 87

[27] See http://www.nationmaster.com/country/fr-france/agr-agriculture.

[28] International Food and Policy Research Institute, *"Land Grabbing" by Foreign Investors in Developing Countries*, 2009.

[29] See, for example, GRAIN, "Landgrab Resource Page," http://www.grain.org/landgrab/.

[30] World Economic Forum Water Initiative, *The Bubble Is Close to Bursting*, 2009.

[31] Ibid.

[32] Ibid.

[33] David Crean, personal communication.

[34] See, for example, Julian Borger, "Rich Countries Launch Great Land Grab to Safeguard Food Sup-

ply,"*Guardian*,November 22,2008,http://www.guardian.co.uk/environment/2008/nov/22/food−biofuels−land−grab.

[35] Tony Allan,personal communication.

[36] See World Wide Fund for Nature,*Water at Risk*,2009. http://assets.wwf.org.uk/downloads/understanding_water_risk.pdf.

[37] Ibid.

[38] See Cecilia Tortajada, "Water Management in Singapore,"*Water Resources Development*,June 2006,http://www.adb.org/water/knowledge−center/awdo/br01.pdf.

[39] The term "embedded water,"also known as"virtual water,"is often used,too,but in some discussions this term is also used normatively to refer to the comparative advantage in production in different places.

[40] Cited in:http://economist.com/node/12494630? story_id=12494630,November 19,2008.

[41] UNEP/GRID−Arendal. Water Scarcity Index. UNEP/GRID−Arendal Maps and Graphics Library. 2009,http://maps.grida.no/go/graphic/water−scarcity−index.

[42] In all,Barcelona received nineteen thousand tons of water per each of the ten boatloads from Marseille,as well as water from Tarragona and a desalination plant in southern Spain.

[43] Andrew England, "Saudis to Phase Out Cereals,"*Financial Times* April 11,2008,http://us.ft.com/ft-gateway/superpage.ft? news_id=fto041020082230338263&page=2.

[44] A comprehensive database on soils and land types can be found in FAO/IIASA/ISRIC/ISSCAS/JRC, 2008. Harmonized World Soil Database (version 1.0). FAO,Rome,Italy and IIASA,Laxenburg,Austria. Go to http://www.iiasa.ac.at/Research/LUC/External−World−soil−database/HTML/.

[45] John Briscoe, "Valuing Water Properly Is a Key to Wise Development,"Wall Street Journal, June 23 ,2008,http://online.wsj.com/article/SB121417640158095337.html? mod=googlenews_wsj.

[46] Despite these high numbers,it is still a perception underpinned by the Barcelona water story that made the headlines. It even triggered the interest of Hollywood,with a James Bond movie and several "documentaries"constructing a story of tap−water barons withholding water resources from the population in order to increase personal profits.

第 4 章

[1] Jeffrey Sachs in United Nations Development Programme,*Human Development Report*,2006:*Beyond Scarcity*,2006.

[2] David Grey and Claudia W. Sadoff, "Sink or Swim? Water Security for Growth and Development," *Water Policy* 9,no. 6 (2007):545—571.

[3] Ibid.

[4] United Nations Development Programme,*Human Development Report*,2006:Beyond Scarcity,2006.

[5] World Wide Fund for Nature, *Water at Risk*, 2009.

[6] See "Why California Is Running Dry," *60 Minutes*, December 27, 2009, http:// www.cbsnews.com/stories/2009/12/23/60minutes/main60l4897.shtml? tag=content Main; cbsCarousel.

[7] J. R. McNeill, *Something New under the Sun: An Environmental History of the Twentieth-Century World*, 2000.

[8] Ibid.

[9] Elizabeth Economy, "The Great Leap Backward?" Foreign Affairs, September/ October 2007, http:// www.foreignaffairs.com/articles/62827/elizabeth-c-economy/ the-great-leap-backward.

[10] See Goldman Sachs, *The N-11: More Than an Acronym*, 2007.

[11] United Nations Development Programme, *Human Development Report, 2006: Beyond Scarcity*, 2006.

[12] Jack Goldstone, "The New Population Bomb: Four Megatrends That Will Change the World," *Foreign Affairs*, January/February 2010, http://www.foreignaffairs.com/articles/65735/jack-a-goldstone/the-new-population-bomb.

[13] Brad Lendon, "Yemen Fertile Ground for Terror Groups," *CNN World*, January 4, 2010, http://articles.cnn.com/2010-01-04/world/yemen.profile_1_yemen-president-ali-abdullah-saleh-qaeda?_s=PM: WORLD.

[14] Judith Evans, "Yemen Could Become First Nation to Run out of Water," *London Times*, October 21, 2009, http://www.timesonline.co.uk/tol/news/environment/ article6883051.ece.

[15] Andrew Lee Butters, "Is Yemen Chewing Itself to Death?," *Time*, August 25, 2009, http://www.time.com/time/world/article/0, 8599, 1917685, 00.html.

[16] See, for example, Aaron Wolf, "'Water War's, and Other Tales of Hydromythology," in Bernadette McDonald and Douglas Jehl, eds., *Whose Water Is It? The Unquenchable Thirst of a Water-Hungry World*, 2003.

[17] A recent study estimates that there are four thousand deaths a year in Yemen as a consequence of land and water disputes. This is over ten times the murder rate in an industrialized country. See http://www.yemen-ava.org/pdfs/Yemen-Armed -Violence-IB2-Social-violence-over-land-and-water-in-Yemen.pdf.

[18] Elizabeth Economy, "The Great Leap Backward? "Foreign Affairs, September/ October 2007, http:// www.foreignaffairs.com/articles/62827/ elizabeth-c-economy/ the-great-leap-backward.

[19] United Nations Development Programme, *Human Development Report, 2006: Beyond Scarcity*, 2006.

[20] Millennium Ecosystem Assessment, *Ecosystems and Human Well-Being: General Synthesis*, 2005.

[21] David Grey and Claudia W. Sadoff, "Sink or Swim? Water Security for Growth and Development," *Water Policy* 9, no. 6 (2007): 545—571.

[22] World Economic Forum Water Initiative, *The Bubble Is Close to Bursting*, 2009.

[23] United Nations Development Programme, *Human Development Report, 2006: Beyond Scarcity*, 2006.

[24] Millennium Ecosystem Assessment, *Ecosystems and Human Well-Being: General Synthesis*, 2005.

[25] United Nations Development Programme, *Human Development Report, 2006: Beyond Scarcity*, 2006.

[26] Ibid.

[27] Pasquale Studeto, Chief, Water Development and Management Unit, Food and Agricultural Organization, United Nations, personal communication.

[28] United Nations Development Programme, *Human Development Report*, 2006: *Beyond Scarcity*, 2006.

[29] See IPCC (Intergovernmental Panel on Climate Change) (2007), *Climate Change 2007: Impacts, Adaptation and Vulnerability*. Contribution of Working Group II to the Fourth Assessment Report of the Intergovernmental Panel on Climate Change, M. L. Parry et al. (Eds.), Cambridge: Cambridge University Press. It cites coastal flooding, shoreline erosion and agricultural degradation as major factors.

[30] United Nations Development Programme, *Human Development Report*, 2006: *Beyond Scarcity*, 2006, p. 172.

[31] See Jared Diamond, *Collapse: How Societies Choose to Fail or Succeed*, 2006.

[32] Ibid.

[33] World Economic Forum Water Initiative, *The Bubble Is Close to Bursting*, 2009.

第 5 章

[1] UN-HABITAT, *State of the World's Cities*, 2008/2009, 2009.

[2] Ibid.

[3] Victor Hugo, *Les Miserables*, book II, chapter 1.

[4] "China's Water Issues: Transition, Governance and Innovation," Prof Yi Wang, Deputy Director-General at the Institute of Policy and Management, Chinese Academy of Sciences, China. http://admin.cita-aragon.es/pub/documentos/documentos _WangYi_286d0ba6.pdf.

[5] World Bank, *World Development Report*, 1992: *Development and the Environment*, 1992.

[6] United Nations Development Programme, *Human Development Report*, 2006: *Beyond Scarcity*, 2006.

[7] Ibid.

[8] Ibid.

[9] World Economic Forum Water Initiative, *The Bubble Is Close to Bursting*, 2009.

[10] UN-HABITAT, *State of the World's Cities*, 2008/2009, 2009.

[11] World Health Organization, *Costs and Benefits of Water and Sanitation Improvements at the Global Level*, 2004.

[12] Goldman Sachs, *The Essentials of Investing in the Water Sector*, 2008.

[13] Organisation for Economic Co-operation and Development, *Managing Water for All: An OECD Perspective on Pricing and Financing*, 2009.

[14] See, for example, LeRoy W. Hooton Jr., "Clean Water Act Progress and Challenges," May 29, 2009, http://www.ci.slc.ut.us/utilities/NewsEvents/news2009/ news5292009.htm.

[15] Organisation for Economic Co-operation and Development, *Managing Water for All: An OECD Perspective on Pricing and Financing*, 2009.

[16] Organisation for Economic Co-operation and Development, "Development Aid at Its Highest Level Ever in 2008," March3, 2009, http://www.oecd.org/document/13/0,3343,en_2649_34487_42458595_1_1_1_1, 00.html.

[17] United Nations, "Draft Decision: Copenhagen Accord," December 18, 2009, http://unfccc.int/resource/docs/2009/cop15/eng/l07.pdf.

[18] Project Catalyst, *Project Catalyst Brief*, 2009.

[19] International Food Policy Research Institute, *Global Water Outlook to 2025: Averting an Impending Crisis*, 2002.

[20] World Economic Forum Water Initiative, *The Bubble Is Close to Bursting*, 2009.

[21] World Bank, *Engaging Local Private Operators in Water Supply and Sanitation Services, Initial Lessons from Experience in Cambodia, Colombia, Paraguay, the Philippines, and Uganda*, 2006.

[22] WaterAid, *Our Water, Our Waste, Our Town*, 2009.

[23] For more information, see http://www.wsup.com/.

[24] Asian Disaster Preparedness Center, Bangkok, *Effective Strategies for Urban Flood Risk Management*, 2008

[25] Michelle K. Wittholz, Brian K. O'Neill, Chris B. Colby and David Lewis, "Estimating the Cost of Desalination Plants Using a Cost Database," *Desalination*, Vol. 229, Issues 1–3 (2008), pp. 10–20.

第6章

[1] United Nations Development Programme, *Human Development Report, 2006: Beyond Scarcity*, 2006.

[2] Ibid., p. 5.

[3] Ibid.

[4] Ibid.

[5] World Wide Fund for Nature, *Water at Risk*, 2009.

[6] United Nations Development Programme, *Human Development Report, 2006: Beyond Scarcity*, 2006.

[7] Ibid.

[8] World Economic Forum Water Initiative, *The Bubble Is Close to Bursting*, 2009.

[9] United Nations, *The Millennium Development Goals Report, 2010*, 2010.

[10] Ibid.

[11] Ibid.

[12] bid.

[13] Ibid.

[14] Ibid.

[15] Ibid.

[16] Ibid.

[17] United Nations Development Programme, *Human Development Report*, 2006: *Beyond Scarcity*, 2006.

[18] Her Majesty's Stationery Office, *Report on the Sanitary Conditions of the La-bouring Population of Great Britain*, 1842, p. 369.

[19] United Nations Development Programme, *Human Development Report*, 2006: *Beyond Scarcity*, 2006.

[20] Ibid.

[21] Asian Development Bank, "Country Water Action: Cambodia," August 2007, http://www.adb.org/water/actions/CAM/PPWSA.asp. In recognition of its world-class performance in water supply and self-sufficiency, the Cambodian Phnom Penh Water Supply Authority (PPWSA) won the Stockholm Industry Water Award in 2010.

[22] World Panel on Financing Water Infrastructure, *Financing Water for All*, 2003.

[23] World Economic Forum Water Initiative, *The Bubble Is Close to Bursting*, 2009.

[24] Monitor Group, *Emerging Markets, Emerging Models. Market Based Solutions to the Challenges of Global Poverty.* Executive Summary, 2009.

第 7 章

[1] See "The CEO Water Mandate," http://www.unglobalcompact.org/issues/ Environment/CEO_Water_Mandate/.

[2] See "World Economic Forum Water Initiative," http://www.weforum.org/water/.

[3] See "World Business Council for Sustainable Development," http://www.wbcsd.rg/.

[4] See "CDP Carbon Disclosure Project Water Disclosure," https://www.cdproject .net/water-disclosure.

[5] Keith Weed, personal communication.

[6] "Taking Hold of Liquid Assets, *Wall Street Journal*, European Edition, September 27, 2010, p. 10.

[7] Todd Woody, "Nonprofit Group Will Prod Companies to Report Their Water Use," *New York Times*, April 6, 2010, http://www.nytimes.com/2010/04/07/business/energy-environment/07water.html.

[8] Ibid.

[9] World Economic Forum Water Initiative, *The Bubble Is Close to Bursting*, 2009.

[10] CH2M HILL, *Sustainability Report, 2009*, 2009, http://www.ch2m.com/ corporate/about_us/assets/Sustainability_Report_2009.pdf.

[11] https://www.cisco.com/web/about/ac227/csr2009/the-environment/water-supplies/index.html.

[12] The Coca-Cola Company and the World Wide Fund for Nature, *A Transformative Partnership to Conserve Water: Annual Review, 2009*, 2009, http://www.thecoca-colacompany.com/citizenship/pdf/partnership_

2009_annual_review.pdf.

[13] "Dow Sustainability:Dow's Commitment to Water,"2010,http://www.dow .com/commitments/goals/ water.htm.

[14] "Halcrow Experts Contribute to Global Water Security Report,"April 2010,http://www.halcrow.com/ News/Latest-news/Halcrow-experts-contribute-to-global -water-security-report/.

[15] HCC,*The CEO Water Mandate*,2009,http://www.unglobalcompact.org/ docs/issues_doc/Environment/ ceo_water_mandate/water_mandate_cops/Hindu stan_Construction.pdf.

[16] Nestlé Creating Shared Value Summary Report 2009. http://www.nestle .com/Resource.axd? Id=1BE 93BE6-BFA1-4414-9C71-CFB246B55D22.

[17] PepsiCo,*Water Stewardship:Good for Business. Good for Society*,2010,http:// www.pepsico.com/ Download/PepsiCo_Water_Report_FNL.pdf.

[18] Rio Tinto,*Rio Tinto and Water*,2009,http://www.riotinto.com/documents/ RTandWater.pdf.

[19] SABMiller and World Wide Fund for Nature,*Water Footprinting:Identifying and Addressing Water Risks in the Water Value Chain*,2009,http://assets.panda.org/ downloads/sabmiller_water_footprinting_report_ final_.pdf.

[20] "Crop Cultivation Drinks Most of SABMiller's Water Use,"*Environmental Leader*,September 13,2010,http://www.environmentalleader.com/2010/09/13/ crop-cultivation-drinks-most-of-sabmillers -water-use/.

[21]"WWF and SABMiller Unveil Water Footprint of Beer,"August 18,2009,http://www.sabmiller.com/ index.asp? pageid=149&newsid=1034.

[22] Standard Chartered Bank,*Water:The Real Liquidity Crisis*,2009,http:// research.standardchartered. com/researchdocuments/Pages/ResearchArticle.aspx? &R=60899.

[23] "The High Stakes for Water,"2010,http://www2.syngenta.com/en/grow -more-from-less/the-high- stakes-for-water.html.

[24] "Water Use in Agriculture,"2010,http://www.unilever.com/sustainability/ environment/water/agricul- ture/index.aspx.

[25] Unilever,*Unilever and Sustainable Agriculture:Water*,2009,http://www .unilever.com/images/sd_U- nilever_and_Sustainable_Agriculture%20-%20Water _tcm13-179363.pdf.

第8章

[1] Koeppel,Gerald T. *Water for Gotham:A History*. Princeton,NJ:Princeton University Press,2000. The key chapter is 7-8 starting with "Aaron's Water"pp. 70-101.

[2] See,for example,Merrill Lynch,*Water Scarcity:A Bigger Problem Than Assumed*,2007;Sustainable Asset Management,Water:*A Market of the Future*,2007;Goldman Sachs,*The Essentials of Investing in the*

Water Sector, 2008; Calvert, *Unparalleled Challenge and Opportunity in Water*, 2008; and Standard Chartered Bank, *Water: The Real Liquidity Crisis*, 2009.

[3] See the water fund at Pictet Private Bankers, Switzerland, for example.

[4] Goldman Sachs, *The Essentials of Investing in the Water Sector*, 2008.

[5] Organisation for Economic Co-operation and Development, *Managing Water for All: An OECD Perspective on Pricing and Financing*, 2009.

[6] Jean-Louis Chaussade, CEO of Suez Environnement, interviewed "Taking Hold of Liquid Assets, *Wall Street Journal*, European Edition, September 27, 2010, p. 10.

[7] Environmental Technology Action Plan, *Water Desalination Market Acceleration*, April 2006.

[8] Susan Berfield, "There Will Be Water," *Bloomberg Businessweek*, June 12, 2008, http://www.businessweek.com/magazine/content/08_25/b4089040017753.htm.

[9] World Panel on Financing Water Infrastructure, *Financing Water for All*, 2003.

[10] For reference, the 2009 Copenhagen Accord called for a similar amount, $US 100 billion a year by 2020, to help developing countries address climate change. UNFCcC, Copenhagen Accord, http://unfccc.int/resource/docs/2009/cop15/eng/ l07.pdf.

[11] See, for example, the recent proposals on climate finance from the UN High Level Panel on Climate Finance, November 2010. UN High-level Advisory Group on Climate Change Financing, Report of the Secretary-General's High-level Advisory Group on Climate Change Financing, 2010. http://www.un.org/wcm/webdav/site/ climatechange/shared/Documents/AGF_reports/AGF_Final_Report.pdf

[12] Water Resources Group (WRG), inhouse analysis.

[13] Don Blackmore, Chair, eWater, Australia, personal communication.

[14] See http://www.un.org/en/documents/udhr/ for a complete text of the Declaration.

[15] Chenoweth (2008) estimates that 135 lcd is enough for human health and economic and social development. BAWSCA(2009) reports residential consumption ranging from 185 to 1,266 lcd (median 316 lcd) for communities of the San Francisco Bay Area. Zetland (2009) reports that municipal and industrial consumption ranges from 383 to 1,239 lcd in Southern California cities. Jonathan Chenoweth, Minimum Water Requirement for Social and Economic Development. *Desalination*, 229(2008):245-256. BAWSCA, Annual Survey FY 2007-08. Annual Survey, Bay Area Water Supply and Conservation Agency, 2009. David Zetland, Conflict and Cooperation Within an Organization: A Case Study of the Metropolitan Water District of Southern California, 2009.

[16] "Total actual renewable water resources (TARWR): The sum of internal renewable water resources and incoming flow originating outside the country. The computation of TARWR takes into account upstream abstraction and quantity of flows reserved to upstream and downstream countries through formal or informal agreements or treaties. It is a measure of the maximum theoretical amount of water actually available for the country" (UNEP, 2009).

[17] Water delivery requires more than just pipes. Other fixed costs include the cost of drilling wells, building dams, installing treatment facilities, and so forth. Variable costs that change with operating volumes include the cost of energy for pumping and treating water, water quality control, customer service, and the like. Administrative and personnel costs are also important; they can be classified as fixed or variable.

第 9 章

[1] United Nations Development Programme, *Human Development Report, 2006: Beyond Scarcity*, 2006. p. 27.

[2] World Economic Forum Water Initiative, *The Bubble Is Close to Bursting*, 2009.

[3] Stuart Orr, personal communication.

第 10 章

[1] World Economic Forum Water Initiative, *The Bubble Is Close to Bursting*, 2009.

[2] http://www.mckinsey.com/App_Media/Reports/Water/Charting_Our_Water_Future_Full_Report_001.pdf.

[3] Global Water Partnership/Technical Advisory Committee, "Integrated WaΘter Resources Management——at a Glance." http://www.gwp.org/Global/The%20Challenge/Resource%20material/IWRM%20at%20a%20glance.pdf

[4] *Time*, "The 50 Best Inventions of 2009." http://www.time.com/time/specials/packages/completelist/0,29569,1934027,00.html

第 12 章

[1] World Economic Forum Water Initiative, *The Bubble Is Close to Bursting*, 2009.

[2] Royal Commission for Water/Ministry of Water and Irrigation, Water for Life. Jordan's Water Strategy 2008–2022, 1999. http://www.idrc.ca/uploads/user-S/12431464431JO_Water-Strategy09.pdf

[3] At the publication of this book, additional sponsors included The Coca-Cola Company, the IFC, Nestlé, PepsiCo, the Swiss Development Agency SDC and USAID.

致　谢

本书在撰写过程中得到了很多人的鼎力支持。

2008 年达沃斯—克洛斯特斯世界经济论坛年会上，一个重要的议题就是水资源。得益于世界经济论坛、战略合作伙伴公司的高级管理人员和首席执行官们的坚持，辩论一直持续到 2008 年、2009 年和 2010 年。

本书针对三届世界经济论坛年会、诸多研讨会、私下交流和官方公共活动，总结了整个辩论的发展过程。2008 年，论坛合作伙伴和全球议程理事会的专家表示，他们希望出版一部关于把水资源作为重要战略资源的刊物，而且该刊物将重点描述如果我们不转变现有的策略，到 2030 年将会发生什么。

本书就是这些辛勤劳动的成果。

过去三四年，来自世界各地的企业、政府、非政府组织、科学界和国际机构的近 350 位代表进行了一系列关于水的讨论，这些讨论都促成了本文的出版。如果您是其中之一，如果您的言论出现在本书当中，我们表示真诚的感谢。

得益于组委会和专业人士的指导，水倡议论坛才会发展如此迅猛，下面将一一列出并致以最诚挚的敬意。

● CH2M HILL 集团：董事长兼首席执行官 Lee A. McIntire、水务集团总裁 Robert Bailey 和已故的前任董事长兼首席执行官 Ralph Peterson

● Cisco Systems 公司：董事会主席兼首席执行官 John Chambers、可持续发展集团总经理 Juan Carlos Castilla-Rubio

● Coca-Cola 公司：董事会主席兼首席执行官 Muhtar Kent、环境和水资源副总裁 Jeff Seabright、全球水资源管理部总经理 Greg Koch、可持续发展部主管 Lisa Manley、前任董事长兼首席执行官 Neville Isdell

● Dow 化学公司：总裁、首席执行官和董事会主席 Andrew Liveris、国际政策部总监 Lisa Schroeter

● Halcrow 集团：非执行主席 Tony Pryor、水和电力集团总经理 Michael Norton、水资源短缺负责人 Richard Harpin、水和电力集团战略和发展部主任 Bryan Harvey、印度区域公司总经理 Bill Peacock

● Hindustan Construction 公司：董事会主席 Ajit Gulabchand、总经理 Niyati Sareen

● International Finance 公司:副总裁兼首席执行官 Lars Thunell、水资源和自然资源部主管 Usha Rao-Monari

● Nestlé 公司:董事会主席、世界经济论坛基金会成员 Peter Brabeck- Letmathe、首席执行官 Paul Bulcke、亚洲、大洋洲、非洲和中东地区管委会主任 Frits van Dyke、经济学和国际关系负责人 Herbert Oberhänsli

● PepsiCo 公司:董事长兼首席执行官 Indra Nooyi、可持续发展部总监 Daniel Bena

● Rio Tinto 集团：首席执行官 Tom Albanese、前主席 Paul Skinner、首席环境顾问 Kristina Ringwood

● SABMiller 公司:首席执行官 Graham Mackay、可持续发展部负责人 Andrew Wales

● Standard Chartered 银行:集团行政总裁 Peter Sands、客户研究部主管 Alex Barrett

● Syngenta 公司:首席执行官 Mike Mack、公共政策和伙伴关系部负责人 Juan Gonzalez-Valero、水资源开发部主管 Peleg Chevion

● Unilever 公司:首席执行官 Paul Polman、对外事务部副主席 Miguel Pestana、对外事务部总监 Rebecca Marmot

这些企业的高层领导,他们对这个项目做出了突出贡献,我深表感谢。

也感谢 Martin Stuchtey、Giulio Boccaletti 和 McKinsey 公司水资源团队的其他成员,感谢他们对该项目的支持,以及对水倡议论坛提出的建议。

世界经济论坛参与方众多,项目委员会由一个专家理事会(全球水安全议程理事会)和其他赞助机构及董事会成员构成。衷心感谢所有成员做出的努力, 特别感谢2008—2010 年在任的理事会主席 Margaret Catley-Carlson,正是她提出了这个议题,感谢她的辛勤工作和特殊贡献,以及为本书做出的前言。理事会许多成员的见解和思想也体现在本书中,感谢他们所有人。

世界经济论坛全球水安全议程理事会 2007—2010 年的成员包括:

● Arjun Thapan,委员会主席,亚洲开发银行东南亚部总干事

● Margaret Catley-Carlson,理事会副主席,联合国秘书长的水顾问委员会成员

● Tony Allan,英国伦敦 King's 学院教授,水资源研究小组负责人

● Don Blackmore,澳大利亚水资源可持续发展委员会主席

● Peter Brabeck-Letmathe,瑞士 Nestlé 公司董事会主席,世界经济论坛基金会成员

● John Briscoe,Harvard 大学、Kennedy 政治学院教授

● Daniel C. Esty,美国 Yale 大学环境法律和政策中心董事

● Franklin Fisher,美国 Massachusetts 学院名誉教授

● 高世吉,中国国家发展和改革委员会经济体制与管理研究所所长

- Peter Gleick，美国太平洋研究所总裁和联合创始人

- Angel Gurria，巴黎经济合作与发展组织秘书长

- 江家驷，中国北京大学环境基金委员会主席

- Upmanu Lall，美国 Columbia 大学地球与环境工程系教授

- Joe Madiath，印度 Gram Vikas 公司执行董事

- Francis Matthew，阿拉伯联合酋长国海湾新闻特约编辑

- Rabi Mohtar，美国 Purdue 大学环境和自然资源工程学院农业与生物工程系教授

- Maria Mutagamba，乌干达水环境部部长，非洲水环境理事会理事长

- Jacqueline Novogratz，美国 Acumen 基金公司创始人兼首席执行官

- Herbert Oberhänsli，瑞士 Nestlé 公司经济和国际关系部负责人

- Stuart Orr，瑞士世界自然基金会水资源部经理

- Usha Rao-Monari，International Finance 公司基础设施和自然资源部主管

- Amitabha Sadangi，印度 International Development 企业执行董事

- Claudia Sadoff，尼泊尔加德满都世界银行南亚水资源组首席经济学家

- Jeff Seabright，美国 Coca-Cola 公司环境和水资源部副总裁

- Ismail Serageldin，埃及亚历山大图书馆主任

- Jack Sim，新加坡世界厕所组织创始人兼董事

- Pasquale Steduto，联合国粮农组织罗马水资源开发和管理部部长

- Alberto Székely，墨西哥外交部边境资源司大使

- Patricia Wouters，联合国教科文组织水利法规中心主任，苏格兰 Dundee 大学政策和科学研究院博士

还要感谢瑞士发展署，特别是 François Münger、Christoph Jakob 和总干事 Martin Dahinden，以及美国国际开发署，尤其是 Sharon Murray 和 Rebecca Black。他们在过去几年里为论坛提供了宝贵的支持和指导。还要格外感谢摩洛哥总理事会农业发展部部长 Mohamed Ait-Kadi 和农业水资源（水、食物、生活用水）管理综合评估总协调员 David Molden 多年来对于论坛的贡献。

这本书的出版，包括水倡议论坛本身，离不开一个优秀勤奋的团队。从过去到现在，世界经济论坛水倡议小组成员和相关工作人员，付出了巨大努力，在此致以最诚挚的感谢。希望你们能喜欢这本书，看到你们在本书上的影响力。也许在某种程度上，可以回馈你们多年来所有的努力。在此，还要感谢：

Alexandre Dauphin

Alex Wong

Arun Eapen

Darren Wachtler

Helena Leurent

Katherina Kumar

Melanie Duval

Peter Beez

Ramya Krishnaswamy

Sylvia Lee

Valerie Aillaud

Valerie Weinzierl

特别感谢世界经济论坛执行董事兼首席商务官 Robert Greenhill，以及世界经济论坛高级总监 Sarita Nayyar，感谢他们的指导和管理。也特别感谢加拿大 Alcan 公司前高级副总裁 Dan Gagnier，加拿大 Alcan 公司全球项目部部长 Jürg Gerber，还有他们的同事——瑞士发展署高级水顾问 François Münger，以及世界经济论坛执行董事 Rick Samans，是他们具有远见卓识，早在 2005 年就在世界经济论坛上成立了一个水倡议组织。

当然，还有无数人对这项工作做出了贡献，不能一一列举，请接受我们的道歉。

这本书的出版，还要感谢第一稿编辑 James Workman 和 Island 出版社的整个出版团队，尤其是很有耐心的编辑 Emily Davis 和 Todd Baldwin，和稳重的出版社社长 Chuck Savitt。

能够在世界经济论坛上从事这项工作，并且为大家服务，我感到无比荣幸。

随着合作走向实践，我非常期待下一阶段的工作。

最后，作为本书作者，对于书中可能出现的任何错误或不实陈述，深表歉意。